KB097409

경이로운
수

경이로운 수

수학의 길을 열어주는 짜릿한 수의 세계

초판 1쇄 2021년 10월 14일
초판 2쇄 2023년 4월 27일
지은이 수냐 | **편집** 북지육림 | **본문디자인** 운용 | **제작** 명지북프린팅
펴낸곳 지노 | **펴낸이** 도진호, 조소진 | **출판신고** 2018년 4월 4일
주소 경기도 고양시 일산서구 강선로 49, 911호
전화 070-4156-7770 | **팩스** 031-629-6577 | **이메일** jinopress@gmail.com

• 잘못된 책은 구입한 곳에서 바꾸어드립니다.

• 책값은 뒤표지에 있습니다.

경이로운 수

수냐 지음

지노 사이다 수학 시리즈 3

수학의 길을 열어주는 짜릿한 수의 세계

너무도 익숙한 수, 낯설게 다시 보자!

'일상에서의 수'와 '수학에서의 수'는 참 많이 다릅니다. 일상에서의 수는 그다지 어려울 것도 복잡할 것도 없습니다. 초등학교 시절에 배웠던 수 정도면 충분합니다. 반면 수학에서의 수는 상당히 복잡합니다. 쓸 데라고는 전혀 없어 보이는 것들 투성이죠. 이론과 실제는 다르다는 말 그대로입니다.

일상과 수학의 간격이 너무도 크다 보니 학생들에게는 어려움이 많습니다. 현실 감각이 없다 보니 수학의 수에서 재미를 느끼기 어렵습니다. 동기 부여도 되지 않고요. 그때그때 새로운 수를 배우고, 그 수의 연산을 또 배울 뿐입니다. 써먹을 데라고는 시험 치를 때밖에 없습니다. 저 역시 학창시절에 수를 그렇게 공부했습니다.

수에는 독특하면서도 놀라운 힘이 있습니다. 언젠가 꼬마들이 옹기종기 모여 모래놀이 하는 것을 봤습니다. "집을 짓자", "길을 만들자" 이렇게 반말을 주고받으면서 놀더군요. 잘 놀다가 한 아이가 다른 아이에게 물었습니다. "야, 너 몇 살이야?" 이 질문이후로 세상은 확 달라졌습니다. "내가 형이니까, 내 말 들어!" 무질서하게 티격태격하던 세계는, 질서 잡힌(?) 세계가 되었습니다.

수가 모습을 드러내면 세상은 이전과 달라집니다. 라면수프가 들어가면 밍밍하던 음식이 매콤해지는 것처럼 말이죠. 그 맛에 사람들은 오래전부터 수를 활용해왔습니다. 수를 안 써먹어본 사람들은 있을지언정, 한 번만 써먹고 그만둔 사람들은 없을 겁니다. 수많은 문명이 일어났다 사라졌지만, 수는 결코 사라지지 않았습니다. 질기고 왕성한 생명력입니다. 참으로 경이롭지요!

지금은 문명의 전환기라고 합니다. 그 주역은 또 수입니다. 수를 언어로 활용하는 컴퓨터와 인공지능이 기존의 한계를 훌쩍 뛰어넘고 있습니다. 수를 활용할 수 있는 방법과 기회가 많아집니다. 일상에서와는 전혀 다른 방식으로 수는 활용됩니다.

수를 '낯설게' 볼 필요가 있습니다. 우리는 일상에서의 수에 너무도 익숙해져 있기 때문입니다. 낯설게 볼 수 있어야 수를 달리 볼 여지가 생깁니다. 수를 낯설게 보려면 질문을 달리해야 합니다.

수는 뭘까요? 어떤 것을 수라고 할 수 있을까요? 수는 왜 그리고 어떻게 만들어졌을까요? 수에는 어떤 힘이 있기에 그토록 두루두루 활용되는 걸까요? 어떤 수들이 있으며 각 수들은 어떤 관계가 있을까요? 왜 그렇게 복잡하고 다양한 수들을 만들어낼 수밖에 없었을까요? 사람들은 수를 어떤 방식으로 활용해왔을까요?

이 책은 이런 질문들에 주목하여 수를 낯설게, 그러면서 달리 이해해보고 있습니다. 학교에서 개별적으로 배웠던 수들을 연결하고 조망하고 재해석하는 과정을 통해, 우리에게 수는 무엇일 수 있는지 그 가능성을 탐구해볼 것입니다. 모쪼록 이 책을 통해 새롭게 수를 만나고, 수를 공부하는 재미와 수의 가능성을 맛보는 시간을 가질 수 있길 바라봅니다. 더하여 이 책을 출판할 수 있도록 도움 주신 지노출판사와 편집자님, 감사합니다.

2021년 9월

수냐 김용관

차례

니체:

인간은 극복되어야 할 그 무엇이다.

그대들은 자신을 극복하기 위해 무엇을 했는가?

인간:

수를 만들었지!

1부

수, 왜 배울까?

01

**수가 뭐라고
이렇게까지**

"수학을 왜 배우느냐"고는 묻지만, "수를 왜 배우냐"고 묻지는 않는다. 살아가려면 수가 기본적으로 필요하다는 걸, 너무 잘 알고 있어서다. 수가 없이 삶은 지속 가능하지 않다. 수 없이 살아가는 다른 방식의 삶은 가능해도, 지금처럼 살아가면서 수를 사용하지 않을 도리는 없다. 하지만 일상에서의 수는 쉽고 간단하다. 복잡하고 어려운, 수학에서의 수와는 대조적이다. 일상과 수학, 두 공간에서 수에 대한 느낌은 이렇게까지 충돌한다.

수가 일상적이라고 하지만 일상에서 필요한 수는 그다지 복잡하지 않다. 일상에서의 수는 쉽고 단순해진다. 기술의 발달로 사람들이 수를 직접 다뤄야 하는 경우는 줄어든다. 기계가 사람을 대신해 수를 읽고, 계산하고, 써준다. 주위를 둘러보면서 수를 찾아보라. 사용되는 수의 대부분은 자연수 아니면 소수이다.

마트의 가격표다.
용량, 가격, 100g당 가격,
제품의 고유번호 등이
모두 자연수다.

재난지원금 지급에 대한
여론조사 결과다.
항목별 결과가 소수와
퍼센트로 표기되었다.

여론조사 결과가
분수로 표현되어 있다.
전체 학생의 2/3 등교에 관해
물었다.

3,240.08 ▼ 7.35 − 0.23%			
거래량(천주)	1,392,319	거래대금(백만)	16,051,031
장중최고	3,246.19	장중최저	3,218.67
52주 최고	3,266.23	52주 최저	2,030.82
등락/종목	↑1 ▲370	− 59 ▼483	↓0

주가지수의 변동이
양수와 음수로 표현되었다.
전날보다 올랐는지
떨어졌는지를 나타낸다.

　분수나 음수도 종종 사용된다. 분수는 재적 인원의 얼마가 참여했다거나 찬성했다거나 할 때 주로 사용된다. 음수는 기온이나 주식, 물가상승률에서 보인다. 기준보다 더 떨어졌을 때 음수로 표현된다.

길들여진 닭은 아마도 지구 연대기 중에서
가장 널리 퍼진 새일 것이다. 수로 성공을 측정한다면,
닭, 소, 돼지는 지금까지 가장 성공한 동물이다.

The domesticated chicken is
probably the most widespread bird in the annals of planet Earth.
If you measure success in terms of numbers, chickens, cows and pigs
are the most successful animals ever.

—

저술가 유발 하라리(Yuval Harari, 1976~)

수를 '이렇게까지'
공부해야 하나

수학에서의 수는 (일상에서의 수와는 달리) 복잡하고 다양하다. 실생활에서는 한 번도 마주쳐볼 일이 없는 수가 많다. 무리수, 실수, 허수, 복소수 등 이름만으로는 그 정체를 짐작조차 하기 어렵다. 정수나 유리수처럼 자연수나 분수를 달리 부르는 명칭도 있다. 단순하고 쉬운 일상의 세계와는 아주 대조된다.

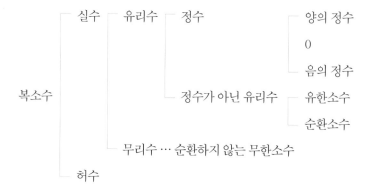

고등학교까지 배우는 수들이다. 수들이 이렇게나 많다. 실생활에서는 써먹어본 적이 없는 수도 있다. 자연수를 양의 정수

1부_ 수, 왜 배울까?

라고 부른다. 분수는 아예 빠져 있다. 유리수가 분수를 대신한다. 일상과 달리 복잡하다.

수의 연산으로 들어가면 더 가관이다. 수를 어렵고 힘들다고 하는 이유는 아마도 이 연산 탓일 것이다. $\frac{2}{3}+\frac{4}{5}$, 3.142×4.5 같은 연산을 할라치면 머리가 핑 돈다. (−2)×(−3) 같은 음수의 연산은 이해가 되지 않는다. 하라니까 할 뿐이다. 허수나 복소수로 가면 완전히 딴 세상 이야기가 되어버린다. 번거롭고, 귀찮고, 답답해진다.

일상에서 연산을 직접 해야 하는 경우는 사실 별로 없다. 기계가 알아서 계산해주거나, 계산기를 사용하면 되는 경우가 대부분이다. 직접 하더라도 자연수의 연산 정도다. 나머지 수들의 연산은 오직 수학에서나 마주친다. 분수의 계산을 도대체 언제 써먹는단 말인가. 수를 이렇게까지 공부해야 하나 싶다.

'이렇게까지'
많은 일을 해내는 수!

〈

　일상에서의 수는 뻔하다. 수를 사용하는 경우와 용도가 정해져 있다. 별로 어려울 것도 없고, 그다지 신기할 것도 없다. 수는, 젓가락처럼 필요할 때만 잠깐 쓰고 마는 도구일 뿐이다. 이렇게 생각한다면 생텍쥐페리의 『어린 왕자』의 한 구절과 다를 바 없다. 수에만 빠져 있는 사람은 인생의 진면목과 신비를 볼 수 없다. 인생에서 가장 중요한 것은 수의 바깥에 존재한다.

　그러나 4차 산업혁명으로 일컬어지는 지금의 상황을 보면 그건 옛이야기 같다. 이 시대에 벌어지고 있는 신기한 일들의 밑바닥에는 수가 깔려 있다. 사람보다 바둑을 더 잘 두는 프로그램, 우리말을 다른 나라의 말로 즉각 바꿔주는 컴퓨터 번역기, 유명한 화가처럼 그림을 그리고, 작곡가처럼 음악을 만들어내는 인공지능처럼 신비하기 그지없는 일은 수가 있기에 가능하다.

　수는 이제 인간 이상의 창의력을 발휘한다. 마음속 깊은 곳의 생각과 감정을 읽어낸다. 멀리 떨어져 있는 우주의 보이지 않는 모습까지 들여다본다. 마음으로도 볼 수 없는 일들을 이렇게까지 해내고 있다.

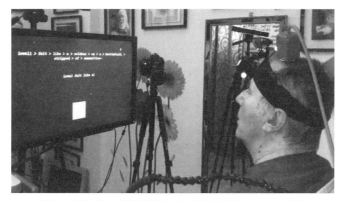

생각으로 글자를 쓰면 그 생각을 읽어 들여 모니터에 표현해주는 기술이 성공했다.
수가 있어 가능한 일이었다(2021년 5월).

2019년 4월, 세계의 과학자들은 협력하여 보이지 않는다던 블랙홀 사진을 공개했다.
수를 언어로 사용하는 컴퓨터를 이용해서다.

02

**잘 배워야
잘 써먹는다**

사람에 따라 접하는 수의 모습과 양상은 다르다. 그에 따라 수에 대한 생각, 수를 활용해보려는 야심도 달라진다. 정반대의 모습을 보이기까지 한다. 수로는 인생의 중요한 것을 결코 볼 수 없다는 어린 왕자와, 모든 것은 수라는 피타고라스처럼 말이다. 그 사이에 우리가 서 있다. 우리는 수를 어떻게 바라봐야 할까?

>

　책 『어린 왕자』는 밤하늘을 대하는 우리 마음을 달라지게 했다. 별을 보면 어린 왕자를 떠올리게 된다. 장미꽃에 물을 주다가도 의자에 앉아 석양을 보고 있을 그를. 책 하나가 많은 사람들의 밤하늘을 바꿔놓았다. 지어낸 이야기라는 걸 알면서도 우리는 어린 왕자의 별을 찾아 헤맨다.

　『어린 왕자』는 수에 대해서도 단순하지만 명확한 이미지를 심어주었다. "가장 중요한 것은 눈에 보이지 않는 법이야"라고 말이다. 그럼 무엇으로 바라봐야 할까? 마음이다. 가장 중요한 섯은 마음으로 바라봐야 한다. 마음 제일주의. 우리가 자주 듣고 뱉는 말 아닌가!

어린 왕자는 마음을 강조하기 위해 대비라는 방법을 사용한다. 하얀색 옆에 검은색을 배치하듯이 마음을 다른 것과 비교한다. 그 대상은 수다. 수를 사랑하고, 수에 빠져 있는 어른이다.

어느 별에서 만난 사업가는 수만 세고 있다. 수만 세느라 딴 걸 못한다. 어린 왕자는 소유욕에 불타 부자가 되려는 그 사업가를 한심하게 바라본다. 그게 무슨 소용 있냐며 일깨워주려다 (실패하자) 떠나버린다.

어른들은 사람에 대해 몸무게나 수입 같은 수적 정보만 묻는다. 수에 빠진 어른들은 인생을 모른다. 어린 왕자는 단번에 결론 내버린다. 어른을 한 방에 훅 보내버린다. 연륜을 뜻하는 나이에 개의치 않는다. "나이는 숫자에 불과하다"는 말의 원조가 아닌가 싶다.

자연은 결코 숫자로 해석되지 않는다.

Nature is never interpreted by numbers.

—

작가 라일라 기프티 아키타(Lailah Gifty Akita, 1982~)

어린 왕자, 수 도움을
톡톡히 받는 줄도 모른다

어린 왕자는 수에 대해 선을 분명히 긋는다. 수로는 인생에서 가장 중요한 것에 접근할 수 없다고. (그 가장 중요하다는 게 뭔지는 끝까지 밝히지 않는다.) 하지만 그가 소중히 여기는 것과 수는 긴밀하게 연결되어 있다. 어린 왕자가 모를 뿐이다.

어린 왕자는 해가 지는 순간을 좋아한다. 특히 슬플 때면 석양을 보러 가곤 한다. 어린 왕자는 아주 아주 슬펐던 날에 대해 언급한다. 그 슬픔의 깊이를 강조하기 위해 그날 해 지는 걸 마흔세 번이나 보았다고 한다. 슬픔의 강도와 깊이를 수에 담아 표현한다. 수의 크기로 슬픔의 크기를 표현한다.

여우는 어린 왕자에게 많은 지혜를 전수해준다. 길들인다는 게 관계를 형성해가는 거라면서, 매일 일정한 시각에 방문해달라고 한다. 아무 때나 불쑥 오지 말라고 한다. 오후 네 시에 온다면 세 시부터 행복해지기 시작하기 때문이다. 기다림, 설렘, 흥분, 기대감을 잔뜩 맛볼 수 있다는 거다. 수가 있기에 그 행복을 누릴 수 있는 것 아니겠는가. 수가 없었다면 그런 행복감 또한 없었을 것이다.

어린 왕자가 언뜻언뜻 내비치는 가장 중요한 것들은 수와 무관하지 않다. 인생에서 소중한 행복과 슬픔, 만남은 수와 관련된다. 수로 인해 생기기도 하고 증폭되기도 한다. 수와 인생의 소중한 것들은 영원히 안 만나는 평행선이 아니다. 다른 것 같지만 하나로 연결된 뫼비우스의 띠다.

이것은 여러분이 연습하는 시간에 대한 것이 아니라,

연습하는 동안 여러분의 마음이 머물고 있는 시간에 대한 것입니다.

It's not about the number of hours you practice,

it's about the number of hours your mind is present during the practice.

—

농구선수 코비 브라이언트(Kobe Bryant, 1978~)

>

"수학 없이는 할 수 있는 게 없다. 주변의 모든 것은 수학이다. 당신 주변의 모든 것은 숫자이다." —수학자 사쿤탈라 데비(Shakuntala Devi, 1929~2013)

"숫자에는 강점이 있지만, 그 수들을 조직하는 것은 큰 과제 중 하나다." —물리학자 존 매더(John C. Mather, 1945~)

"당신의 사업이 결코 당신 사업의 재정적인 측면을 앞지르지 않도록 하라. 회계, 회계, 회계. 수들을 알아두라." —사업가 틸만 퍼티타(Tilman J. Fertitta, 1957~)

모든 것 속에는 수가 들어 있다! 수를 알면 모든 것을 알 수 있다! 어린 왕자와는 정반대인 주장도 있다. 주로 수학이나 과학, 기술과 관련된 분야에서다. 수는 태초로부터, 아니 이 우주의 탄생 이전부터 존재했다고 말하기도 한다. 분명히 우주 이전을 보지 않았을 텐데도 그리 떳떳하게 말씀하신다.

수 제일주의, 수 만능주의에 가까운 이야기는 갈수록 흔해지고 있다. 디지털 세계가 되면서, 0과 1을 사용하는 컴퓨터가 문명의 기본이 되면서 그렇다. 과학과 기술이 그런 이야기를 쏟아내면, 다른 분야에서 그 이야기를 받아 전하고 전한다. 만물은 수라고 했던 피타고라스학파의 신조는 실제가 되어가고 있다.

수에 대해 극단적인 두 주장이 있다. 대부분의 사람들은 아마도 그 사이에서 이리저리 쏠려 다닐 것이다. 어린 왕자가 나타나면 그렇다고 손뼉을 치다가도, 피타고라스가 나타나면 "알고 보면 그 말이 옳은 것 같다"며 맞장구친다. 카멜레온처럼 환경에 따라 자기 색깔을 바꾸는 융통성(?)을 보여준다.

인공지능 시대이기에 수를 더 잘 다룰 필요가 있다. 그래야 수에 빠지지 않고, 수를 적절히 활용하며 살아갈 수 있다. 피타고라스처럼 살 필요는 없더라도, 어린 왕자처럼 수를 무시하며 살 필요 또한 없다.

사람들은 수를 통해 많은 문제를 해결해왔다. 한계를 극복하기 위해 수를 활용해왔다. 수가 뭐라고 '이렇게까지' 오랫동안 인류와 함께해왔는지, 수가 뭐라고 '이렇게까지' 다양한 일을 해올 수 있었는지, 수가 뭐라고 '이렇게까지' 수로 충만한 세상이 되어가고 있는지 알아보자. 그 속에서 우리도 수를 활용해볼 가능성과 잠재력을 잽싸게 포착해보자.

2부

수, 무엇일까?

03

하나, 둘, 셋.
개수를 세며
크기를 비교한다

수가 언제 어디서 어떻게 등장했는지는 아무도 모른다. 아주 오래전에, 오랜 기간을 거쳐, 발전과 진화의 기나긴 연쇄를 통해 이뤄졌을 거라고 추측한다. 누군가 우연히 생각해냈을 수도 있고, 기나긴 사유의 진통을 거쳐 만들어냈을 수도 있다. 외계인이 선물로 줬을 가능성도 있지 않을까? 수의 시작에 관한 모든 것은 베일에 가려 있다. 상관없다. 중요한 건, 수가 출현했다는 사실이다.

>

수는 인류의 삶 속으로 소리 소문도 없이 은밀하게 들어오지 않았다. 그렇다고 천둥 번개처럼 와자지껄하게 등장하지도 않았다. 작지만 분명한 흔적을 남기며 들어왔다. 인류의 시작부터 수가 함께했다는 걸 분명히 보여주려는 것처럼 말이다.

최초의 수는 점이나 선이었다. 돌멩이를 점처럼 사용하거나, 바위나 뼈다귀 위에 점이나 선을 그었다. 문자가 만들어지기 이전인 석기시대의 유물에 그 흔적이 분명히 남아 있다. 개수 하나하나를 점 하나하나에, 선 하나하나에 대응시켰다.

이상고뼈
뼈 위에 선이 그어져 있다.
선 하나가 개수 하나를 뜻한다.

라스코 동굴벽화
바위 위에 점이 찍혀 있다.
점 하나하나가 날짜일 수도 있다.

점과 선으로 등장한 수, 처음에는 이름도 없었으리라. 그저 돌멩이나 선의 묶음이 수였다. 같이 사는 종족의 수를, 기르는 가축의 수를, 규칙적으로 흘러가는 하루하루의 수를 돌멩이로 선으로 표시했다. 사물이나 물건을 가장 작게 축소한 형태였다. 최초의 수는 보이고 만져졌다. 머릿속에서 개념으로 존재하는 지금과는 달랐다.

점과 선으로 등장한 수는 보지 않고도 무언가의 개수를 알 수 있게 해주었다. 직접 봐도 가늠하기 힘든 개수를, 더 쉽게 알아볼 수 있게 해주었다. 수만 활용할 줄 안다면, 직접 보지 않고도 사람이 몇 명인지, 가축이 몇 마리인지, 며칠이 지났는지를 바로 알 수 있었다. 보지 않고도 볼 수 있다니, 신기한 일 아닌가.

점이나 선이라고 할지라도 수의 편리함을 맛보기에는 충분

『로빈슨 크루소』 쵸판본 표지아 러시아본 본문 도판
무인도에서 로빈슨 크루소는 선을 그으며 날짜를 계산했다.

하나, 둘, 셋 개수를 세며 크기를 비교한다

『고려도경』(1123년) 표지
고려인들이 나무토막에 금을 그어 회계를 봤다는 기록이 있다.

했다. 그 맛을 본 사람은 더 많이 활용했을 테고, 몰랐던 사람은 배우고자 했을 것이다. 수는 그렇게 두루두루 널리 확산되었다. 차차 수를 부르는 말도, 수를 기록하는 문자도 만들어졌다. 최초의 문자가 수를 기록하기 위해서였다고 할 정도로 수와 문자의 탄생은 긴밀하게 엮어 있다.

>

　사람이나 물건 같은 대상의 개수를 세기 위한 수가 등장했다. 하나, 둘, 셋 같은 말과 1, 2, 3 같은 글자도 이어졌다. 자연적인 대상으로부터 만들어져서 자연수(natural number)라고 한다. 보통 자연수는 1로부터 시작한다(경우에 따라 0을 자연수로 보기도 한다).

　자연수를 통해 사람은 대상과 떨어져 있을 수 있었다. 직접 볼 필요가 없이, 앉은 자리에서 천리를 내다볼 수 있었다. 수로 인해 사람은 그만큼 자유로워졌다. 직접 보고 가늠해야만 했던 한계를 극복하게 해줬다.

　수를 아는 것과 모르는 것의 차이는 분명했다. 사람은 수를 통해, 실제 세계를 수라는 가상의 세계로 대신할 수 있었다. 수를 안다는 것은 수로 상징되는 생각의 세계 또는 인식의 세계를 알고 있다는 것을 말한다. 수로 인해 생각의 세계가 만들어진 것인지, 생각의 세계가 열리면서 수가 등장한 것인지 분명히 알 수는 없다. 수는 생각의 세계를 열어줬고, 생각의 세계는 수를 열어줬다. 물리적 세계의 한계를 극복하기 위해 인간은 가상의 세계로 건너갔다. 하나, 둘, 셋을 세면서!

우주에서 우리만 존재한다는 생각은

완전히 믿을 수 없고 오만해 보인다.

우리가 알고 있는 행성과 별의 수를 고려하면,

우리가 진화된 생명체의 유일한 형태일 가능성은 극히 낮다.

The idea that we are alone in the universe seems to me

completely implausible and arrogant,

considering the number of planets and stars that we know exist,

it's extremely unlikely that we are the only form of evolved life.

—

물리학자 스티븐 호킹(Stephen Hawking, 1942~2018)

>

　지금은 너무 익숙한 수이지만, 수가 처음 등장했을 때는 어마어마한 신기술이었을 것이다. 지금의 인공지능과 같을 정도로. 그런 수를 무슨 목적을 위해 만들어냈을까? 개수를 세려고 한다는 답은 틀렸다. 수를 알기에 개수를 세는 것이다. 개수를 센다는 것은 수로 말미암아 초래된 결과다. 수를 만들어낸 원인은 아니다.

　수는 무엇인가를 해내기 위한 수단이었다. 목소리를 듣고자 전화라는 수단을 만들어낸 것과 같다. 고로 정확한 질문은 이래야 한다. 무엇을 하려고 수를 만들어낸 것일까?

　대상이 얼마나 크고 작은지, 얼마나 많고 적은지를 알고자 하는 게 수를 만들어낸 목적이었을 것이다. 상대가 나보다 덩치가 큰지 작은지, 싸워야 할 적군이 아군보다 많은지 적은지가 관심사였을 것이다.

　이것과 저것의 크기 비교, 양적인 관계의 파악이 궁극적인 목적이었다. 그 과정에서 개수를 하나씩 세는 자연수를 만들어냈다. 개수를 셈으로써 크기를 비교할 수 있었다. 그래서 수를 사용하면 성적이 비교되어 자동으로 순위가 비교되는 것이다. 그래서 우리가 수를 즐겨 사용하는 것이기도 하고.

　판화가 에서는 작업을 통해 비교가 얼마나 중요한가를 깨달았다. 그리고 수도 비교의 과정에서 만들어졌음을 다음과 같이 기술했다. "어떠한 이미지도, 형태도, 심지어 명암이나 색채도 그 스스로는 존재할 수 없다는 깨달음은 참으로 흥미진진한 것입니다. 가시적으로 관찰할 수 있는 모든 것 중에서 우리는 오직 관계성과 대조에만 의지할 수 있습니다. 하나의 양이 다른 양과 비교될 수 없다면, 양의 개념 자체도 존재할 수 없을 것입니다."(『무한의 공간』, M. C. 에서, 다빈치, 2006, 22쪽)

나는 메시가 공을 발밑에 두고 있는 것을 좋아한다.

메시는 골을 넣고 나머지 모든 것들도 한다.

하지만 크리스티아누의 숫자를 무시할 수 없다.

그것은 잔인한 비교이다. 둘 다 존경받을 만하다.

I love Messi with the ball at his feet:

he scores goals and does all the rest, too.

But Cristiano's numbers can't be ignored.

It's a cruel comparison. Both of them deserve respect.

—

축구선수 호나우두(Ronaldo, 1976~)

04

**아주 작은
크기도
정밀하게 센다**

긴 시간을 거쳐 자연수가 등장했다. 겨우 하나, 둘, 셋에 불과한 수였다. 시작은 그렇게 미약했다. 그런데 자연수 이후 수는 빠르게 발전했다. 더 정교해지고, 더 예리해지며, 더 정확해졌다. 자연수처럼 개수를 세는 수이되, 자연수로는 셀 수 없던 개수를 세는 수가 등장했다. 분수와 소수가 그것이다.

>

자연수의 최고 장점은 쉽다는 것이다. 키가 크거나 작거나 가릴 것이 없다. 그냥 한 사람씩 세기만 하면 된다. 자연스럽게 숨을 쉬고 밥을 먹듯이, 자연스럽게 셀 수 있다. 아이들도 자연스럽게 익힌다. 굳이 공부하지 않아도 된다. 생활하면서 사용하다 보면 거뜬하게 배워버린다.

쉽다는 것은 그만큼 정교하지 못할 수도 있다. 꼬치꼬치 따지지 않고 대충하면 일도 더 쉬워지는 법이다. 자연수는 쉬웠지만 아쉽게도 한계가 있었다.

자연수는 부분이나 조각의 크기를 나타내지 못한다. 한 입 베어 먹은 애플의 사과 로고, 그 사과는 하나인가? 한 입이 없어졌으니 온전한 하나는 아니다. 그렇다고 전혀 없는 상태도 아니다. 자연수는 0도 아니고 1도 아닌 크기를 정확하게 나타내지 못한다.

조각을
단위로 하는 분수

자연수의 한계를 인식하면서 그 한계를 보완할 수가 등장했다. 분수였다. 분수는 자연수처럼 세는 수다. 하지만 자연수와는 달리 세는 단위를 자유자재로 조절할 수 있다. 때와 상황, 용도에 맞게 단위를 조절해 사용한다. 자연수만으로 셀 수 없는 대상을 마음껏 셀 수 있게 해준다.

분수는 부분이나 조각을 세고자 만들어진 수였다. 방법은 간단하다. 그 부분을 셀 수 있도록 세는 단위를 줄인다. 온전한 하나를 몇 개의 조각으로 나누고, 조각 하나를 단위로 하여 센다. 그래서 나눌 분(分)을 써서 분수라고 한다. 영어는 fraction인데 '깨지다'라는 의미를 담고 있다. 영어나 한자의 의미가 비슷하다.

분수에서는 대상을 몇 조각으로 나누느냐가 중요하다. 그에 따라 분수의 형태가 달라진다. 그래서 $\frac{2}{3}$ 나 $\frac{3}{5}$ 에서 몇 조각으로 나눈 것인지를 나타내는 부분인 3과 5를 분모라고 한다. 어머니처럼 일차적인 역할을 한다 하여 어머니 모(母)를 썼다. 어머니를 통해 자식이 태어나듯, 분자의 수는 분모에 따라 결정된다. 그래서 $\frac{2}{3}$ 이나 $\frac{3}{5}$ 의 2와 3을, 아들 자(子)를 써서 분자라고 한다.

나누는 조각의 수를 달리하면 분수는 달라진다. 두 개로 나눈 것 중의 하나는 $\frac{1}{2}$이다. 네 개로 나눈 것 중의 두 개는 $\frac{2}{4}$다. $\frac{1}{2}$과 $\frac{2}{4}$는 다르다. 하지만 두 분수가 나타내는 크기는 같다. 같은 크기라도 단위를 달리해서 얼마든지 다른 분수로 나타낼 수 있다. 이런 특징은 분수에서만 나타난다.

$$\frac{1}{2} = \frac{2}{4} = \frac{3}{6} = \frac{4}{8} = \cdots$$

$$\frac{2}{3} = \frac{4}{6} = \frac{6}{9} = \frac{8}{12} = \cdots$$

자연수도 분수로 표현된다. 자연수 1은 분수 $\frac{1}{1}$이 된다. 단위를 조절하면 $\frac{2}{2}$도 되고, $\frac{3}{3}$도 된다. 이와 같이 모든 자연수를 분수로 표현할 수 있다.

$$1 = \frac{1}{1} = \frac{2}{2} = \frac{3}{3} = \cdots$$

$$2 = \frac{2}{1} = \frac{4}{2} = \frac{6}{3} = \cdots$$

진분수는 $\frac{2}{3}$, $\frac{3}{5}$처럼 분자가 분모보다 작은 분수를 말한다. 진짜 분수라는 뜻의 진분수(眞分數)라고 했다. 분수는 원래 1보다 작은 크기를 나타내고자 했다. 분수라면 1보다 작아야 한다. 이 의도에 가장 잘 맞는 분수가 $\frac{2}{3}$, $\frac{3}{5}$처럼 분자가 분모보다 작은 분수다. 그래서 진분수라고 했다. 영어도 적절한 분수라는 뜻의 proper fraction이다.

가분수는 '가짜의 또는 임시의'라는 뜻의 가(假)를 사용했다. $\frac{5}{3}$, $\frac{7}{5}$ 같은 분수는 1보다 크다. 분수의 원래 의도를 벗어났다. 가짜로 또는 임시로 만들어 사용한다는 의미를 담아 가분수(假分數)라고 했다. 영어로도 improper fraction, 적절하지 않은 분수다.

대분수는 가장 오해를 많이 받는 말이다. 2, 3처럼 크기가 큰 분수이기에, 뜻도 큰 분수라는 뜻의 大分數일 것으로 생각한다. 하지만 대분수(帶分數)의 대는 띠 대(帶)이다. 2 같은 자연수가 같은 진분수의 옆에 띠처럼 있다. 자연수와 진분수가 띠처럼 연합하고 연대한다는 뜻이다. 자연수와 진분수가 섞여 있다 하여 영어로도 mixed number라고 한다.

수학은 언어를 배우는 것과 같다.

기초부터 배워야 한다.

하지만 많은 성인들은 숫자에 대해

맹목적인 공황상태에 빠지고 신경을 꺼버린다.

Maths is like learning a language:

you need to learn the basics to get going,

but a lot of adults go into blind panic

about numbers and switch off.

—

방송인 레이철 라일리(Rachel Riley, 1986~)

크기 표현에는 편하나,
비교하기에 불편하다

<

　분수는 단위를 마음대로 조절할 수 있다. 나누고 싶은 대로 나눌 수 있다. 13명 중에서 7명이 여자라면 여자의 크기는 7/13 이다. 조각 전체 수를 분모로 하면 된다. 대상의 크기를 표현하는 데는 아주 쉽다. 바로 이것이 일상생활에서도 분수가 종종 쓰이는 이유다.

　하지만 분수에도 약점은 있다. 크기를 나타내기에 강한 분수가 맥을 못 쓰는 경우가 있다. 분수끼리의 크기를 비교할 때다. 123/456과 1234/4567, 어느 수가 더 클까? 바로 대답하기 어렵다. 어느 쪽이 큰지 따져보려면 상당한 계산이 필요하다.

　수의 목적은 크기의 비교였던 걸 상기해보자. 크기를 비교해 보고자, 대상을 하나씩 세면서 대상의 크기를 표현한 게 수였다. 수는 두 가지의 기능을 만족시켜야 한다. 대상의 크기를 표현하면서, 크기를 비교할 수 있어야 한다.

　분수는 극단적이다. 크기를 표현하는 데는 아주 강하다. 100점이다. 반면 크기를 비교하고 연산하는 데는 아주 약하다. 0점이다. 크기의 비교나 연산이 중요한 곳에서 분수는 맥을 못 쓴다.

비교와 연산이 중요한 사회, 상업이나 산업이 발달한 곳에서 분
수는 사용하기에 너무 불편하다.

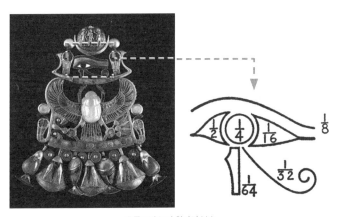

호루스의 눈과 할당된 분수
고대 이집트의 부적과 그 부적의 위쪽에 새겨진 호루스의 눈이다.
고대 이집트인들은 호루스의 눈에 분수를 할당했다. 모두 더하면 $\frac{63}{64}$이다.
토트 신이 $\frac{1}{64}$을 채워주어 전체가 1이 된다.
동양에서나 서양에서나 분수는 일찍부터 사용되었다. 크기를 표현하기가 쉬웠기 때문이다.

인간은 분수와 같다.

분자는 자신의 모습이고 분모는 자기 스스로에 대한 생각이다.

분모가 클수록 분수는 작아진다.

A man is like a fraction whose numerator is

what he is and whose denominator is what he thinks of himself.

The larger the denominator, the smaller the fraction.

—

소설가 레프 톨스토이(Lev Tolstoy, 1828~1910)

>

분수의 크기 비교와 연산이 어려운 건 단위 때문이다. 단위를 자유롭게 쓰다 보니 분수 간의 단위가 달라져버렸다. 단위가 같아야 비교하고 연산할 수 있는 법인데, 단위가 달라 비교와 연산이 어려워졌다. 분수의 강점이 분수의 약점으로 되돌아왔다.

분수의 약점을 극복할 방법은 하나였다. 단위를 같게 맞추는 것만이 유일한 해결책이었다. 다른 방도는 없었다. 수단과 방법을 가리지 않고 단위를 맞춰야 했다. 분수처럼 부분이나 조각의 크기를 표현하면서, 자연수처럼 단위가 통일된 그런 수를 만들어내야 했다. 그게 바로 소수(decimal)였다.

소수는 우선 분수의 분모를 10, 100, 1000과 같은 10의 거듭제곱 꼴로 맞춘다. 단위를 통일하기 위해서였다. 단위를 조절하면 $\frac{1}{2}$을 $\frac{5}{10}$로 바꿀 수 있다는 분수의 특징을 활용했다. 이렇게 분수의 분모를 10의 거듭제곱 꼴로 표현했다. 복잡하고 어지러워 보이던 분수는 가지런하고 규칙적인 분수가 됐다.

단위를 맞추고 나면 분수는 가지런해지지만, 수들이 커진다. $\frac{1}{2}$은 $\frac{5}{10}$가 되고, $\frac{1}{4}$은 $\frac{25}{100}$가 된다. 보기에도 쓰기에도 귀찮고 불편하다. 그래서 $\frac{1}{10} = 0.1$, $\frac{1}{100} = 0.01$, ……처럼 간단히 표기하자고 약속한다. 그것이 우리가 늘 마주치는 소수다.

군이 분모를 10의 거듭제곱 꼴로 바꾼 이유가 있다. 자연수와 일관되게 하기 위해서다. 아라비아 숫자는 10진법을 사용한다. 1, 10, 100,……처럼 자릿값이 10의 거듭제곱 꼴로 커지고 줄어든다. 그 패턴에 맞추면 소수는 자연수와도 자연스럽게 연결된다.

소수는 부분이나 조각과 같이 작은(小) 크기를 나타낸다. 그래서 소수(小數)라고 했다. 한자만 보면 소수의 영어가 small number일 것 같다. 그러나 소수는 영어로 decimal이다. deci는 deca와 더불어 10을 뜻하는 접두어다. decimal은 '10진법의'라는 뜻으로도 사용된다. 소수는 $\frac{1}{10}$, $\frac{1}{100}$ 같은 십진법에 맞춘 분수를 단위로 했다. decimal에는 소수의 이런 특징이 담겨 있다.

>

소수는 편하면서도 예리하다. 자연수처럼 셀 수 있어 편하다. 세는 크기가 작을 뿐 세어보면 된다. 그러면서 크기 비교와 연산도 쉽게 할 수 있다. 그러라고 작정하고 만들어놓은 수가 소수이니 당연하다. 일상의 대부분이 소수로 채워진 데는 그럴 만한 이유가 있다.

그런데 확인해야 할 게 하나 있다. 모든 분수가 정말 소수로 바뀐 걸까? 그걸 확인해봐야 한다. 소수로 바뀌지 못한 분수가 있다면 소수를 맘껏 사용하기는 어렵다.

소수는 분모가 10의 거듭제곱 꼴인 분수, 즉 십진분수다. 그런데 1/3, 1/6, 1/7 같은 분수는 절대로 십진분수가 되지 못한다. 1/2, 1/4, 1/5 같은 분수가 십진분수로 바뀌는 것과는 다르다.

분수 중에는 십진분수로 바뀌는 분수도 있고, 십진분수로 바뀌지 않는 분수도 있다. 기준은 분모에 있다. 분모의 수가 2와 5만의 곱으로 표현된 분수만이 십진분수가 될 수 있다. 그래야 분모가 10의 거듭제곱 꼴인 분수가 되기 때문이다. 1/3, 1/6처럼 분모에 2와 5가 아닌 수가 들어가는 분수는 영원히 십진분수가 될 수 없다.

십진분수가 되지 못한다면 큰 문제 아닌가? 소수가 될 수 없다는 뜻이니 말이다. 소수를 기획하고 고안했던 사람들에게 이 문제는 난관이었다. 이 난관을 넘어가지 못하면 소수를 손에 쥘 수 없었다. 소수 같은 수가 꼭 필요했기에 죽기 살기로 그 난관을 해결하고자 머리를 썼다.

1/3, 1/6처럼 소수가 되지 못한 분수를 소수로 만들어야 했다. 수학은 방법을 고안했다. 1/3 같은 분수를 오차가 가장 작은 십진분수로 표현하는 것이었다. 1/3은 3/9이다. 오차를 눈감아준다면 1/3을 3/10 = 0.3으로 쓸 수 있다.

문제는 오차다. 오차가 크다면 눈감아주기 어렵다. 오차를 최대한 줄여야 한다. 이 점을 알고 있는 수학은 오차를 무한히 줄여버린다. 아무리 작은 수보다도 작도록 오차를 무한히 줄여버린다. 그러면 사실상 십진분수가 되어버린다. 1/3은 0.33333……인 소수가 된다.

소수가 될 수 없는 수를 소수로 만들어버린 게 무한소수다. 오차를 무한히 줄여서 소수로 만들어버렸다. 지성이면 감천이라는 말 그대로다. 소수로 만들어달라고 무한히 빌었더니 하늘이 허락해준 소수들이다. 대신 하늘은 흔적을 남겼다. 하늘의 은덕을 잊지 말라고, 하늘을 향했던 그 마음을 상징하는 '……'이라는 기호를 달아줬다. 0.333……, 0.425425……, 0.61256125…… 같은 수들이다.

소수는 자연수와 분수의 한계를 극복했다. 부분과 조각의 크기를 정확하게 포착해내지 못한다는 한계였다. 소수는 그 한계를 넘어가게 해줬다. 극히 작은 영역까지 수는 확장되었다. 사람들은 이제 아주 작은 크기도 아주 정확하게 표현하고 비교할 수 있게 되었다.

태어나고 사라지는 모든 것은 시대가 흘러가면서 다시 출현한다.

예전의 것들도 반복되는 소수처럼 반복된다.

All that is born and destroyed is reborn in the sweep of the ages;

Life like a decimal ever recurring repeats the old figure.

—

사상가 스리 아우로빈도(Sri Aurobindo, 1871~1950)

분수는 고대에,
소수는 근대에

　분수와 소수는 등장할 수밖에 없었다. 크기를 정확하게 나타내고, 크기를 정확하게 비교하려면 필요한 수들이었다. 하지만 그 수들이 출현한 시기는 사뭇 달랐다.

　분수는 고대 문명에서 일찌감치 사용되었다. 4대 문명이라는 곳에서는 모두 분수가 사용되었다. 1보다 작은 크기를 표현해야 할 필요가 일찌감치 있었다는 뜻이다. 그에 비해 지금 사용되고 있는 소수는 16세기 말 서양에서 출현했다. 나라마다 다른 분수의 사용으로 곤란함을 겪은 사람에 의해서 고안되었다. 이후 상업과 산업이 발달한 근대문명을 발판 삼아 널리 사용되었다.

『De Thiende』
'십분의 일에 관하여'라는 뜻이다.
1585년에 시몬 스테빈이 발간했다.
지금의 소수를 소개한다.

나는 분수를 소수로 바꾸면서 아버지와 함께 산수를 계속했다.

그런 시간이 많이 흐르자, 많은 소들이

풀이나 물을 아주 많이 먹는다는 걸 알 정도가 되었다.

굉장히 매력적이라는 것을 깨달았다.

I continued to do arithmetic with my father,

passing proudly through fractions to decimals.

I eventually arrived at the point where so many cows ate so much grass,

and tanks filled with water in so many hours.

I found it quite enthralling.

—

추리소설 작가 아가사 크리스티(Agatha Christie, 1890~1976)

05

**셀 수 없는
크기도
발견해냈다**

자연수는 셀 수 있는 수였다. 수란 셀 수 있는 크기
였다. 소수는 자연수에서 시작된 수의 특징을 극
한으로 밀고 갔다. 무한까지 도입했기에 더 이
상의 수는 없을 것 같았다. 그런데 그게 끝이 아
니었다. 수는 수인데, 셀 수 없는 수가 존재했
다. 수의 역사에서 획기적인 일이었다. 인간은
극복해가는 그 무엇이었다.

자연수는 하나, 둘, 셋 이렇게 센다. 분수와 소수도 마찬가지다. 3/7은 1/7 조각을 단위로 해서 센다. 1/7을 세 개 센 것이 3/7이다. 그래서 1/3, 1/4처럼 분자가 1인 분수를 단위분수라고 한다. 0.34는 0.1이 세 개 0.01이 네 개다. 소수 역시 정해진 단위를 기준으로 센다.

센다는 것은 수에서 자연스럽다. 대상을 하나하나 세면서 손가락을 하나하나 꼽는다. 그렇게 세어 가다 보면 대상의 크기를 정확히 알게 된다. 그때의 크기, 그때의 수는 곧 개수이다.

최초로 등장한 수는 개수로서의 수였다. 돌멩이로, 선으로, 손가락으로 하나하나 셀 수 있었다. 대상과 선, 대상과 수가 딱딱 맞아떨어진다. 일대일 대응한다. 이 범주에서 수는 셀 수 있는 크기이다. 그런데 셀 수 없는 수가 있었다. $\sqrt{2}$ 같은 무리수는, 자연수나 분수처럼 기본단위가 몇 개로 구성된 수인지를 알 수 없었다.

피타고라스의 정리가 있다. 고대 그리스의 수학자 집단인 피타고라스학파에서 제시한 증명이다. 직각삼각형의 세 변 사이의 관계를 말한다. 이 정리는 증명의 대명사로 유명하다. 이 증명은 이전과는 다른 수가 출현한 정리라는 점에서도 유명하다.

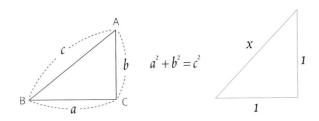

$$a^2 + b^2 = c^2$$

이 정리에서 a＝b＝1인 경우를 생각해보자. 그때 빗변의 길이 x는 얼마일까? 정리에 따르면 $x^2 = 1^2 + 1^2 = 2$이다. 길이 x는 제곱해서 2가 되는 어떤 수이다. 길이 x는 실제로 존재하는 크기이기에, 그 크기를 표현해주는 수 또한 있어야 한다.

피타고라스학파는 x에 해당하는 수를 찾고자 했다. 이때의 수란 셀 수 있는 수, 즉 자연수와 분수에 해당하는 수였다. 그들은 수는 형태와 사상의 척도이자, 신과 악마의 원인이다.

Number is the ruler of forms and ideas,

and the cause of gods and demons.

—

수학자 피타고라스(Pythagoras, BC 570~BC 495)

이 수가 분수에 속해 있을 거라고 생각했다.

피타고라스학파는 미지의 수 x를 찾아내려 했다. 처음에는 찾아낼 수 있으리라 확신했을 것이다. 그러나 x에 해당하는 수를 끝내 찾지 못했다. 그 사실을 그들은 인정할 수밖에 없었다.

x가 자연수일 리는 없다. 제곱해서 2가 되는 자연수는 없기 때문이다. 자연수가 아닌 분수 중에서 찾아봐야 한다. 제곱해서 2가 되는 분수가 있을까? 없다. 2는커녕 (자연수가 아닌) 분수를 제곱해서 자연수가 되는 그런 분수 자체가 없다.

2/3, 4/7를 제곱해보라. 각각 4/9, 16/49이다. 모두 자연수가 아닌 분수다. 자연수가 아닌 분수를 제곱하면 그 값 또한 자연수가 아닌 분수가 된다. 고로 자연수가 아닌 분수 중에 제곱해서 2가 되는 수는 존재하지 않는다. 피타고라스학파는 이 사실을 깨달았다.

>

피타고라스학파나 고대 그리스인들은 x가 어떤 수인지 끝내 밝혀내지 못했다. 길이는 있으나 대응하는 수가 없었다. 사람은 있으나 이름은 없는 형국이었다. 이름이 없으니 말로 표현할 수 없었다. 손가락으로 가리킬 수는 있으나 말할 수 없었다. 그래서 그런 수를 말할 수 없음이라는 뜻의 알로곤이라고 했다.

x는 자연수도 분수도 아니었다(이때의 분수는 $\frac{2}{3}$처럼 분자와 분모가 정수인 분수다). 자연수와 분수의 바깥에 있는 그 어떤 수였다. 고대 그리스인들은 분수의 한계를 깨달았다. 분수의 너머가 있다는 것, 분수로 나타낼 수 없는 수가 있다는 것까지만 밝혀냈다. x가 어떤 수인지는 지금도 정확하게 밝혀내지 못했다. 제곱근 기호를 써서 $\sqrt{2}$라고 할 뿐이다. 소수를 이용해 $\sqrt{2}=1.4142135623\cdots\cdots$라고 근삿값으로 나타낸다.

$\sqrt{2}$와 같은 수를 무리수라고 한다. 아직까지도 무리수가 뭔지 직접적으로 정의내리지 못하고 있다. 그저 유리수가 아닌 실수를 무리수라고 한다. 유리수란, 2:3처럼 두 정수의 비로 표현되는 수를 말한다. 2:3은 $\frac{2}{3}$으로 표현될 수 있으니, 유리수는 곧

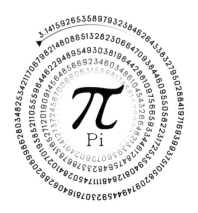

원주율 π을 이미지로 표현했다.

끝없이 이어지며 흐려져 간다.

정체를 정확하게 밝혀낼 수 없는 수,

무한을 통해서만 근사적으로 다가갈 수 있는

무리수임을 뜻한다.

(분자와 분모가 정수인) 분수로 표현될 수 있는 수다(엄밀히 말하자면 분수에는 $2/\sqrt{2}$, $\pi/2$처럼 분자와 분모가 정수가 아닌 분수도 있다. 이런 분수는 유리수가 아니다. 그래서 유리수는 분자와 분모가 정수인 분수라고 표현해주는 게 정확하다).

고로 무리수는 분수로 나타낼 수 없는 수다. $\sqrt{2}+1$도, $\sqrt{2}\cdot\sqrt{3}$도 $\sqrt{\sqrt{2}}$도, 원주율 π, 자연상수 e도 모두 무리수다. 분수로 나타낼 수 없다.

무리수는 현실의 크기를 통해서 발견되지 않았다. 분수나 소수처럼 현실적인 불편함이나 한계를 극복하기 위해 의도적으로 고안된 게 아니다. 피타고라스의 정리라는 이론을 통해 우연히 발견된 수였다. 발견되고 나서야 현실 속에 그런 크기가 존재한다는 것을 알려줬다.

유리수와 무리수,
완전히 다르다

수에는 유리수만 있는 게 아니었다. 유리수와 유리수 사이에는 무리수가 존재했다. 유리수와 유리수 사이에는 틈이 있었다. 연속으로 이어진 현실의 모든 크기를 유리수만으로는 나타낼 수 없었다. 무리수가 발견되고 나서야 그 사실을 알게 되었다.

소수로 표현해보더라도 유리수와 무리수는 확연히 구분된다. 유리수는 유한소수이거나 순환소수이다. $1/2=0.5$처럼 끝이 있는 소수이거나, $1/6=0.1666\cdots\cdots$처럼 특정한 수가 반복되며 무한히 이어지는 소수다. 반면 무리수는 특정한 수가 반복되지 않으면서 무한히 이어지는 순환하지 않는 소수다.

무리수는 셀 수 있는 수가 아니라는 점도 유리수와 다르다. 수는 수이되, 셀 수 없는 수가 드디어 발견되었다. 그런 수가 있다는 걸 알지도 못했는데, 무리수가 그 무지를 깨닫게 해줬다. 인간이 갖고 있는 지식의 한계를 극복하게 해줬다. 수는 이제 셀 수 있는 수에서 셀 수 없는 수까지 확장되었다.

셀 수 없는 수인 무리수는 피타고라스의 정리로부터 발견되었다고 말하는 게 보통이다. 하지만 다른 주장도 있다. 최적의 비를 상징하는 황금비로부터 무리수가 발견되었다고도 한다.

황금비는 $\dfrac{1+\sqrt{5}}{2}=1.618\cdots$을 말한다. 무리수인 $\sqrt{5}$가 포함되어 있다. 황금비와 피타고라스학파는 깊이 연관되어 있었다. 피타고라스학파는 황금비를 발견하고, 황금비를 작도까지 할 수 있었다. 그 작도법을 이용해 황금비를 포함하고 있는 정오각형 작도법을 발견해냈다. 정오각형에 대한 이런 관심으로부터 무리수인 $\sqrt{5}$가 발견되었을 것이라는 주장도 있다.

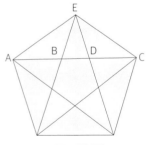

$\overline{AB} \cdot \overline{BC} = \overline{AE} \cdot \overline{AC} - \overline{BD} \cdot \overline{DC} - 1 : 1.618$

정오각형과 별
변의 길이 사이에서 황금비를 쉽게 발견할 수 있다.
이 황금비를 알아야 정오각형의 작도가 가능하다.
이 작도법을 피타고라스학파가 발견했다.
처음으로 발견된 무리수가
$\sqrt{5}$일 것이라는 주장의 근거다.

영혼은 파괴되지 않고, 영원히 지속된다.

원주율처럼 영혼에는 중단도 결론도 없다.

원주율처럼 영혼도 변하지 않는 상수다. 원주율은 무리수다.

분수로 나타낼 수도 없고, 나눌 수도 없다.

영혼은 표현되지도 않고 나뉘지도 않는 방정식이다.

그 방정식은 오직 한 가지만을 완벽하게 표현하는 데

그게 바로 당신이다.

The soul may not be destroyed. The soul goes on forever.

Like the number pi, it is without cessation or conclusion.

Like pi it is a constant. Pi is an irrational number,

incapable of being made into a fraction,

impossible to divide from itself. So, too, the soul is an irrational,

indivisible equation that perfectly expresses one thing: you.

—

작가 조 힐(Joe Hill, 1972~)

>

유리수는 有理數다. 이치가 있는 수다. 무리수는 이치가 없다는 뜻의 無理數다. 수에도 이치가 있고 없을까? 직관적으로 그 의미가 와 닿지 않는다.

유리수는 rational number를 번역한 말이다. rational을 이성적인이라는 뜻의 한자인 리(理)로 번역했다. irrational number와 대조를 이룬다는 점을 감안하여 rational number를 유리수로, irrational number를 무리수라고 했다. 그럴싸한 번역이다.

형식적으로는 그럴싸하지만 의미가 문제다. 유리수는 분수로 표현되는 수, 무리수는 분수로 표현되지 않는 수였다. 유리수나 무리수라는 용어는 이런 의미와 잘 연결되지 않는다. 설명이 더 필요하다.

유리수와 무리수는 제대로 번역된 말이 아니다. rational의 뜻은 이성적인이 아니다. 비(ratio)가 있다는 뜻이다. 2 : 3처럼 비가 있다는 것은 $\frac{2}{3}$ 같은 분수로 표현된다. 이런 의미를 담았다면 유리수보다는 유비수(有比數)가 되었어야 하지 않을까? 무리수는 비가 없다는 의미로 무비수(無比數)라고 하고. 주의가 필요하다.

06

**보이지 않는
크기도
선명하게 보여준다**

무리수에 이르러 수는 셀 수 없는 크기까지 확장되었다. 현실에서 크기라고 할 만한 건 모두 수로 표현된 것 같았다. 하지만 여전히 수로 표현되지 못한 현실적인 크기가 존재했다. 바로 그 크기가 수로 포착되면서, 현실에서의 모든 크기는 수로 표현되었다. 음수가 등장함으로써, 실제적인 크기를 표현할 수 있는 실수가 완성되었다.

지금 우리에게 음수는 매우 익숙하다. 영하의 온도를 표현할 때, 손해를 봤을 때, 어제보다 결과가 더 좋지 않을 때 음수를 사용한다. 양수에 비해 많이 사용하지는 않지만, 꼭 필요한 경우에 아주 요긴하게 사용한다. 사용 횟수는 작지만 음수는 양수만큼 자연스럽다.

하지만 음수가 그렇게 자연스럽게 자리 잡기까지는 꽤 오랜 시간이 걸렸다. 손해나 손실은 그 이전에도 존재했기에 음수 역시 자연스럽게 받아들여졌을 것 같지만 그렇지 않았다. 그 이전까지 형성되었던 수에 대한 생각 때문이었다.

음수 이전의 수들은 모두 양수였다. 개수를 세면서 등장한 수는 기본적으로 보이는 크기, 만져지는 크기였다. 셀 수 없다는 점에서 무리수는 분수와 달랐으나, 0보다 큰 크기라는 점에서는 같았다. 음수 이전의 수들은 모두 보이는 크기로부터 만들어졌다. 그로부터 수란 보이는 크기라는 개념이 형성되었다. 그 고정관념으로 인해 음수는 쉽게 받아들여지지 않았다.

$$3+5-9+4$$
$$=8-9+4$$
$$=-1+4$$
$$=3$$

3+5-9+4를 계산하면, 답은 3으로 양수다. 도중에 8-9를 계산해야 한다. 작은 수에서 큰 수를 빼야 한다. 양수만을 알고 있었다면 난감한 상황이다. 하지만 이 과정을 거쳐야 3이라는 양수 답을 얻을 수 있다. 8-9를 어떻게든 표기해야 한다. 이런 난감한 상황에서 음수가 처음 등장했다.

음수가 공식적으로 등장한 것은 고대 중국이었다. 언제 쓰였는지 정확히 알 수는 없지만 2000년은 훨씬 넘었을 책인 『구장산술』에서였다. 지금의 일차연립방정식 풀이와 관계된 〈방정〉이라는 부분이 있었다. 그곳에서 음수와, 음수의 덧셈과 뺄셈이 등장했다.

처음부터 수로써 등장한 것은 아니었다. 계산의 과정에서 필요해 임시로 만들어낸 수단이었다. 계산의 중간 과정에서 작은 수에서 큰 수를 빼야 할 경우가 있었다. 그 결과를 표기해야 최종적인 결과를 얻을 수 있었으므로 그 경우를 어떻게든 처리해야 했다. 양수와는 다른 방식으로 그 값을 표기했다. 음수는 그렇게 등장했다.

쓸모를 인정받으며
수로 인정받다

<

음수는 계산의 중간 과정을 처리하기 위해 고안되었다. 적절하고도 유용한 조치였다. 수학 자체의 필요 때문에 만들어진 음수를 일상의 크기를 나타내는 데 사용한 사람들은 고대 인도인들이었다.

인도인들은 음수를 빚이나 손해와 연결시켰다. 빚을 음수로 표현하였고, 빚의 개념으로 음수의 연산에 접근했다. 하지만 서양인들은 음수에 더 부정적이었다. 보다 엄밀하게 사고하며 개념을 규정하는 방식이 강해서인지 보이는 크기가 아닌 음수를 쉽게 받아들이지 못했다. 르네상스와 근대를 거치면서 조금씩 음수를 수용했다. 흑자(be in the black)와 적자(be in the red)라는 표현이 서양에서 만들어졌다.

음수를 수로써 받아들이는 데 큰 기여를 한 것은 수직선(number line)이었다. 1685년의 일이다. 영국의 수학자인 존 월리스(John Wallis, 1616~1703)가 처음으로 수직선을 도입했다. 그는 수직선을 통해 음수와 관련된 덧셈과 뺄셈을 묘사했다. 5야드만큼 나아갔다가 8야드만큼 되돌아왔을 때의 위치를 물었다. 수직

Yet is not that Suppolition (of Negative Quantities,) either Unuſeful or Abſurd ; when rightly underſtood. And though, as to the bare Algebraick Notation, it import a Quantity leſs than nothing : Yet, when it comes to a Phyſical Application, it denotes as Real a Quantity as if the Sign were -|- ; but to be interpreted in a contrary ſenſe.

As for inſtance : Suppoling a man to have advanced or moved forward, (from A to B,) 5 Yards ; and then to retreat (from B to C) 2 Yards : If it be asked, how much he had Advanced (upon the whole march) when at C? or how many Yards he is now Forwarder than when he was at A? I find (by Subducting 2 from 5,) that he is Advanced 3 Yards. (Becauſe +5 — 2 = +3.)

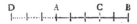

존 월리스의 『대수학』(1685)
수직선을 소개하면서 음수의 덧셈과 뺄셈 방법을 설명한다.
A는 0, B는 +5, C는 +3, D는 -3이다. 5-8을 하면 D(-3)라는 걸 이미지로 보여준다.

선을 이용해 −3이라고 답했다.

수직선은 음수를 보여줬다. 비록 아주 작은 점이지만, 머릿속에서만 맴돌던 음수를 구체적으로 드러내줬다. 사람들이 음수를 보면서 다룰 수 있게 해주었다. 음수를 받아들이기 좋은 길을 깔아주었다.

갈망을 나타내는 수학적 표현이 무엇인지 아는가? ……

음수다. 뭔가를 놓치고 있다는 느낌에 대한 형식이다.

Do you know what the mathematical expression is for longing…?

The negative numbers.

The formalization of the feeling that you are missing something.

—

저술가 페터 회(Peter Høeg, 1957~)

>

수직선은 음수가 수로서의 지위를 획득하는 데 큰 역할을 했다. 현실에서 양수와 음수는 너무도 달랐다. 양수의 크기는 보이는 반면 음수의 크기는 보이지 않았다. 그 때문에 음수를 다루는 데 사람들은 애를 먹었다. 수직선 위에서 음수는 양수와 위치만 다를 뿐이었다. 음수나 양수나 같은 점으로 표현되었다. 수직선은 음수에 대한 어려움을 날려버렸다.

음수가 도입되면서 수에는 많은 변화가 일어났다. 우선 수는 크기만이 아니라 방향도 함께 갖게 되었다. 수는 부호와 크기라는 두 가지의 요소를 가져야 했다. 어떤 자연수, 분수, 소수, 무리수도 양과 음의 부호를 가질 수 있다. 수의 영역 또한 무한히 확대되었다. 0에서 시작해 무한대로 뻗어가던 수는 음의 무한대에서 양의 무한대로 확장되었다.

연산 역시 음수가 도입되면서 자유로워지고 확장되었다. 음수가 없던 시절에 연산은 결과가 양수인 경우에만 가능했다. 5−3은 가능했어도 3−5는 불가능했다. 다룰 필요도, 다룰 방법도 없었다. 하지만 음수가 도입되자 연산 결과에 신경 쓸 필요가 없었다. 아무렇게나 주어진 연산도 막힘없이 할 수 있었다.

양수나 음수는 수의 대상이 0보다 크냐 작냐를 기준으로 했다. 세상을 이분법적으로 구분할 때 유용한 음양의 개념을 빌려왔다. 양수(陽數)와 음수(陰數), 영어로도 positive number와 negative number다.

그런데 양수나 음수라는 말은 중국이나 일본에서 사용되지 않는다. 우리나라에서만 사용된다. 중국에서는 양수를 정수(正數), 음수를 부수(負數)라 한다. 정수(正數)라는 말이 우리나라에서는 정수(整數)라는 말과 발음이 같다. 헷갈릴 수 있어서 우리나라에서는 양수와 음수라는 말을 만들었다. 잘 만든 말 같다.

>

음수는 분명히 존재하지만 수로 다루지 못했던 크기를 비로소 다룰 수 있게 해줬다. 수의 영역을 보이는 크기에서 보이지 않는 크기로 확장시켰다. 이제 수는 보이지 않는 크기도 얼마든지 나타낼 수 있게 되었다. 음수는 수의 한계를, 인간의 한계를 극복하게 해주었다.

수에 대한 개념은 이제 바뀌어야 마땅했다. 음수를 포함할 수 있는 새 개념이 필요했다. 보이는 크기라는 수 개념은 음수를 포용할 수 없었다. 보이느냐 안 보이느냐, 만질 수 있느냐 없느냐는 이제 의미가 없었다.

보이지 않는 크기, 감각으로 만질 수 없는 크기도 수용할 수 있어야 했다. 그 크기 또한 우리의 물리적 세계에 실제로 존재하는 크기였다. 수는 이제 생각 가능한 크기였다. 생각을 통해 엄밀하게 규정할 수 있는 크기라면 그게 수였다. 수라는 가상의 세계는 그만큼 확대되었다.

수는 수직선 위에 표시될 수 있는 점이었다. 수직선 위에 표시될 수 있는 것은 모두 수였다. 각 수의 차이는 위치의 차이일 뿐

아름다운 것만 강조하는 것,

내게는 양수에만 관심을 갖는 수학적 체계처럼 보인다.

To emphasize only the beautiful seems to me to be like

a mathematical system that only concerns itself with positive numbers.

—

화가 파울 클레(Paul Klee, 1879~1940)

이었다. 양수와 음수의 차이는 그 위치의 차이에 불과했다. 양수와 음수가 대등한 지위를 누리게 되었다.

대소 관계에 대한 정의 역시 달라졌다. 양수에서는 더 많고 작은가를 실제 크기로 확인할 수 있었다. 하지만 음수에서는 그럴 수 없었다. 그래서 수의 대소 관계는 수직선 위에서의 위치 관계로 바뀌었다. 수직선에서 보다 왼쪽에 있으면 작은 것이고, 보다 오른쪽에 있으면 더 큰 것이다. 양수란 0보다 더 큰 수이고, 음수는 0보다 작은 수였다.

음수에 대한
정의

　음수를 정의하는 것 역시 어려운 문제였다. 자연수, 분수, 소수, 무리수에는 분명한 정의가 존재했다. 그처럼 음수에도 분명한 정의가 있어야 했다. 음수를 어떻게 정의할 수 있을까? −3 같은 수를 어떻게 해석해야 할까?

　음수를 빚이나 손해 같은 크기로 해석해보자. 대상의 크기로만 보자면 유용할 것 같다. 직관적으로 그 의미가 팍 와닿는다. 그런데 수는 연산과도 맞닿아 있다. 연산에서 닥칠 문제도 막힘없이 풀어낼 수 있어야 한다.

　빚이나 손해라는 개념으로 음수의 연산을 잘 해결할 수 있을까? $(-2)+(-3)$, $(-2)-(-3)$, $(-2)\times(-3)$, $(-2)\div(-3)$. 실제로 해보면 깔끔하지 않다. 음수가 포함된 곱셈이나 나눗셈은 특히나 난감하다. 빚이나 손해로서의 음수는 연산이라는 장애물을 극복하지 못한다.

　음수에 대한 엄밀한 정의가 필요하다. 그래야 음수가 포함된 수학을 진행할 수 있다. 음수에 대한 정의 역시 어려운 문제였다. 결국 음수는 양수를 통해 정의된다. 같은 크기의 양수를 더했을 때 0이 되는 수가 음수다. 그로부터 음수는 0에서 양수를 뺀 수라는 정의가 만들어진다. 이 정의를 적용하면 음수가 포함된 연산도 엄밀하게 해결된다.

$$(+3)+(-3)=0 \qquad 양수+음수=0$$

$$(-3)=0-(+3) \qquad 음수=0-양수$$

양수, 음수, 0은 수직선에 표현된다.
0은 양수도 음수도 아니다.

오른쪽으로 갈수록 큰 수이다.

음수,
실수를 완성하다

음수의 등장으로 실수라는 개념이 정립되었다. 실수는 영어로 real number다. 실제적인 세계(real world)를 나타내는 데 필요한 수라는 뜻이다. 실제 세계의 모든 크기는 실수의 범주에서 표현된다. 보이는 크기와 보이지 않는 크기까지 모두 표현할 수 있게 되었다. 실제 세계(real world)에 대응하는 실수(real number)가 완성되었다.

실수는 실제 크기를 표현하는 수를 모두 아우른다. 자연수, 분수, 소수, 무리수, 음수를 모두 포함한다. 부호의 입장에서 보자면 실수는 양수, 0, 음수로 구성된다. 셀 수 있느냐 없느냐의 입장에서 보자면 유리수와 무리수로 나뉜다.

수직선은 실수를 시각화해서 보여준다. 모든 실수와 수직선 위의 모든 점들은 일대일 대응한다. 실수 하나에 점 하나가 대응한다. 남는 것도 부족한 것도 없다. 음수는 이 실수를 완성하는 마지막 한 수였다. 연속하는 실선에 대응하는 연속하는 실수가 완성되었다. 인간은 실제 크기를 다 표현하지 못하던 한계를 완전히 극복하고, 실제 크기를 마음껏 표현하고 다룰 수 있게 되었다.

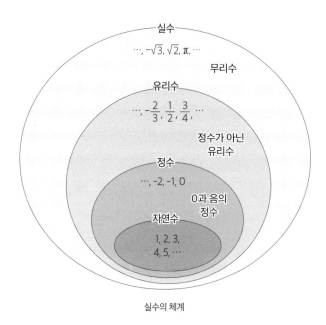

실수의 체계

실수는 유리수와 무리수로 나뉜다.

유리수는, 정수와 정수가 아닌 유리수로 구성되었다.

정수에는 양의 정수인 자연수와,

자연수가 아닌 0과 음의 정수가 포함된다.

07

상상의 수로,
수만의
독특한 세계로

수는 현실의 그림자였다. 최대 임무는 실제 세계의 크기를 완벽하게 재현하는 것이었다. 그 임무의 완성이 실수였다. 수의 역사는 거기까지인 것 같았다. 그런데 수의 역사는 끝이 아니었다. 수는 현실을 넘어 초현실의 세계로 넘어가버린다. 현실로부터 독립하여 독자적인 세계를 구축해갔다. 현실과 무관한 수가 등장한다.

＞

인상파의 그림은 인기가 많다. 모네, 마네, 피사로, 드가, 세잔과 같이 널리 알려진 화가들이 속한 유파다. 현대회화처럼 무엇을 그린 그림인지 알아보기 어려울 정도로 난해한 그림이 아니다. 그렇다고 인상파 이전의 그림처럼 너무 밋밋하고 단조롭지도 않다. 너무 낯설지도 않으면서, 너무 뻔한 그림이 아니어서 그림 볼 맛이 난다.

현대회화는 인상파로부터 시작되었다고 말한다. 현대회화가 나아가야 할 방향을 제시했다. 인상파는 외부에 존재하는 모델의 모양과 이미지를 그대로 재현하지 않는다. 모델을 보고 똑같이 그려내는 게 화가의 역할이 아니었다. 화가의 눈에 비친 모델의 이미지, 화가의 감성과 생각에 의해 재구성된 이미지를 그려내고자 했다.

인상파는 그림의 개념을 바꿨다. 현실의 그림자 같은 그림을 거부했다. 이제 그림은 현실에 있는 모델의 재현이 아니었다. 화가의 생각과 감성에 의해 창조되는 현실과는 다른 세계로 나아갔다. 화가들만의 독자적인 세계가 그림으로 현실화되었다.

수에서도 인상파와 같은 전환이 있었다. 수에서의 이런 전환은 인상파보다 훨씬 더 오래전에 일어났다. 16세기 서구 유럽에서였다. 방정식을 푸는 과정에서 수를 옭아매고 있던 현실의 끈도 함께 풀렸다.

>

    카르다노는 16세기 이탈리아에서 활동했던 수학자였다. 그는 삼차방정식과 사차방정식의 일반해를 구한 인물로 유명하다. 어떤 삼차방정식이나 사차방정식이 주어지더라도 그 해를 구할 수 있는 공식을 제시했다. 이차방정식의 근의 공식 같은 공식을 구한 셈이다.

더하면 10, 곱하면 40이 되는 두 수는 무엇일까?

$$A+B=10, \quad AB=40$$

$$A(10-A)=40$$

$$A^2-10A+40=0$$

$$A=5+\sqrt{-15} \quad \text{또는} \quad A=5-\sqrt{-15}$$

    그가 다뤘던 문제였다. 그는 이와 같은 문제를 푸는 과정에서 낯선 경험을 하게 되었다. 식에 맞는 방정식을 세우고, 근의 공식을 활용해 두 개의 해를 구했다. 그런데 그 근에는 $\sqrt{-15}$, 즉 제곱해서 -15가 되는 수가 포함된다. $x^2=-15$여야 한다.

말만 들어보면 제곱해서 −15가 된다는 게 무슨 문제인가 싶다. 막상 해보면 말도 안 된다는 걸 알게 된다. 이제껏 만들어진 실수에서 이런 수는 없다. 어떤 실수도 제곱하면 0보다 같거나 크다. 0을 제곱하면 0, 3을 제곱하면 9, −3을 제곱해도 9이다. 실수의 범주에서는 $x^2 = -15$인 수를 찾을 수 없다.

카르다노는 그런 수에 대해 고민할 수밖에 없었다. 방정식을 풀어내는 과정에서 이런 경우를 마주쳤기 때문이다. 이런 경우를 적절히 다뤄줘야만 방정식이 풀렸기에 다룰 수밖에 없었다. 3−5와 같은 계산을 표기할 수밖에 없는 고대 중국인들의 사정과 비슷했다. 그는 그런 수를 생각하는 것이 엄청난 정신적 고통이란 걸 알았다. 궤변적이며 실용적인 사용처는 하나도 없다며 고충을 털어놓기도 했다.

>

제곱해서 음수가 되는 수는 아이디어만으로도 충격이었다. 실제 세계의 크기를 수와 연결해서 보던 사람들에게 그런 수는 상상 불가였다. 그랬기에 그런 수는 정신적 고통을 동반했다.

하지만 수학의 입장은 달랐다. 사람들의 정신적 고통에는 관심이 없었다. 현실과 연결되느냐 안 되느냐의 여부는 사람에게나 중요한 것이었다. 수학은 오로지 수학이 멈추지 않고 쭉쭉 뻗어 나가기만을 바랐다. 수학의 입장에서는 제곱해서 음수가 되는 경우도 다룰 수 있어야 했다. 수학이 극복해야 할 문제였다.

수학은 새로운 수를 고안하여 이 문제를 해결했다. i라는 가상의 수, 상상 속의 수를 정의했다. $i=\sqrt{-1}$로써 제곱하면 -1이 되는 수였다. 이 수를 활용하면 $\sqrt{-15}=\sqrt{15}\cdot i$이 되었다. 이렇게 하자 어떤 경우가 주어지더라도 수로 나타낼 수 있었다. 어떤 방정식도 그 해를 나타낼 수 있었다. 이 i를 허수단위라 한다. imaginary number의 머리글자를 딴 기호다.

i를 포함하는 수는 실수가 아니다. 제곱하면 0보다 같거나 큰 실수와 정반대다. 즉 실제 세계의 크기와는 아무런 관계가 없다.

수는 수이되, 실제 크기와 관계가 없는 수가 등장했다. 수가 만들어졌던 현실적인 공간으로부터 독립하여 독자적으로 형성된 수다. 수학 자체의 필요를 따라, 수학적인 논리를 따라 고안되었다. 이 수를 통해 실제 세계는 극복되어야 할 그 무엇이 되어버렸다.

허수는 존재와 비존재에 모두 걸쳐 있는,

신성한 영혼의 훌륭하고 경이로운 은신처이다.

Imaginary numbers are a fine and wonderful refuge

of the divine spirit almost an amphibian between being and non-being.

—

철학자 고트프리트 라이프니츠(Gottfried Leibniz, 1646~1716)

대소 관계도
존재하지 않는 수

〈

　　실수와 허수단위 i를 품은 수. 두 수는 전혀 다른 성질의 수였다. 제곱했을 때의 값도 정반대였고, 그 수가 나타내는 크기도 완전히 달랐다. 실수는 실제 세계의 크기를 나타낸다. 하지만 i를 포함하는 수는 그 어떤 크기도 나타내지 않는다. 단지 제곱해서 음수가 되는 수일 뿐이었다. 그게 전부다. 정반대되는 이런 특징은 수의 대소 관계에서도 나타난다.

　　실수에는 대소 관계가 존재한다. 수가 다르면 크기도 다르다. 두 수간의 대소 관계가 존재한다. a, b라는 실수가 있다면 a, b는 a>b이거나 a=b이거나 a<b이다. 실수의 특징 중 하나다. 그렇다면 i는 어떨까?

$i > 0$ (양변에 i를 곱해보자)	$i < 0$ (양변에 i를 곱해보자)
$i \times i > 0 \times i$	$i \times i > 0 \times i$
(i>0이므로 부등호는 그대로다)	(i<0이므로 부등호는 바뀐다)
$i^2 > 0$ ($i^2 = -1$을 대입한다)	$i^2 > 0$ ($i^2 = -1$을 대입한다)
$-1 > 0$	$-1 > 0$

i>0 또는 i<0이라고 각각 가정해봤다. 그런데 각 경우마다 -1>0이라는 모순된 결과가 나왔다. 이런 결과가 나온 것은 애초의 가정이 잘못되었기 때문이다. 즉 i≯0이고 i≮0이다. i는 0보다 큰 것도 아니고, 작은 것도 아니다. 그럼 i=0인 걸까? 만약 i=0이라면 i^2=0일 것이다. 그런데 정의에서 i^2=−1이다. i는 0도 아니다.

i는 0도 아니고, 0보다 크지도 않고, 0보다 작지도 않다. 이게 결론이다. i는 대소 관계 자체가 존재하지 않는다. 수는 수이되, 대소 관계가 존재하지 않는 희한한 수라는 말이다. 이 점에서도 i는 실수와 정반대의 성질을 갖고 있다. 수라고 해서 반드시 대소 관계가 존재해야 한다는 생각마저도 허수 앞에서 허물어져버렸다.

호안 미로, 〈붉은 태양이 거미를 갉아먹다〉, 1948년작.

호안 미로의 1948년 작품이다.

원주율(π)인지 생명체인지 분간하기 어렵다.

수도 수만의 세계로 들어가버려,

수가 뭔지 알기 어렵게 돼버렸다.

—

>

수는 크게 두 개로 나뉘었다. 실수와 허수단위 i를 품은 수. 두 수는 물과 기름처럼 다르다. 겹치는 부분이 없다. 그 어떤 공통요소를 포함하지 않는다. 수라는 점 말고는 완전히 다르다. 이 점은 이제껏 수의 우주가 팽창해오던 법칙과 어긋났다.

수의 우주는 두 가지의 힘에 의해 팽창해왔다. 기존의 수가 갖고 있던 한계를 극복해주는 수가 새로 등장했다. 반면에 그 수를 기존의 수와 통합하여 하나의 수 체계를 유지했다. 분화의 힘과 통합의 힘이 작용했다. 자연수, 분수, 소수, 음수, 무리수가 분화된 수였다. 그 모든 수를 통합한 게 실수였다.

그런데 실수가 아닌 수가 등장했다. 새 수가 분화되어나왔다. 그렇다면 실수와 i를 포함하는 수를 하나로 통합해야 했다. 그래야 수들로서의 복수가 아니라 수로서의 단수가 될 수 있다. 통일되지 못한 수들의 묶음이 아니라, 완전한 하나의 모습을 지닐 수 있었다.

둘을 하나로 묶을 수 있을까? 수학은 열심히 둘 사이의 공통된 성질을 찾아보았다. 그 공통점으로 둘을 묶어보려 했다. 그러나 둘 사이의 공통점을 찾을 수 없었다. 결국 수학은 속임수가 아닌가 싶은 방법을 생각해냈다. 그 둘을 형식적으로 통합하는 것이었다. 속은 둘이지만, 겉은 하나인 수 체계를 고안해냈다. 그 체계가 복소수였다.

수학에서 다른 어떤 것보다 더 나를 매혹시키는 것이 있다면

(의심할 여지 없이 항상 있어왔던)

그것은 '숫자'도 '크기'도 아니다. 항상 형식이다.

If there is one thing in mathematics that fascinates me more than

anything else (and doubtless always has),

it is neither 'number' nor 'size,' but always form.

—

수학자 알렉산더 그로텐디크(Alexander Grothendieck, 1928~2014)

모든 수를
복소수 체계로!

<

　복소수는 a+bi로 표현되는 수다. 허수부분인 b가 0이면 복소수는 3, −√5 같은 실수가 된다. 실수부분인 a가 0이면, −2i 또는 √3i처럼 i만을 품고 있는 순허수가 된다. a, b 모두 0이 아니면 3−2i, −√3+2i처럼 실수와 순허수가 합쳐진 허수가 된다. 실수와 i가 포함된 모든 수를 다 품을 수 있다.

　복소수에는 두 가지의 서로 다른 요소가 포함되어 있다. 실수와 i를 포함하는 허수. 그 두 요소는 겉도 속도 다르다. 바탕 자체가 완전히 다르다. 그 두 수가 섞여 있다. 단순하지 않고 복잡하다. 그래서 복소수라고 했다. 바탕(소, 素)이 다른 두 개가 복잡하게(복, 複) 섞여 있다는 뜻이다. 영어로도 complex number다. 어쨌거나 수는 복소수라는 하나의 체계 안에서 질서 있는 하나의 우주(universe)를 형성했다.

>

남자들의 경우 군대에 들어가면 대부분 군인 아저씨가 된다. 청소년 또는 청년이라 불리던 사람이 갑자기 아저씨가 된다. 사람이 달라진 게 아니다. 상황이 달라져서다. 상황이 달라지면 해석이 달라진다. 그 달라진 해석에 따라 이름 또한 달라진다. 수도 그렇다.

분수가 등장하자 자연수는 분수와 비교되었다. 분수에는 부분이나 조각이 있다. 자연수에는 그런 게 없이 말끔하다. 가지런히 정돈되어 있다. 그래서 가지런할 정(整)을 사용해 자연수를 정수(整數)라고 달리 부른다. 정수는, 분수와 비교하여 자연수를 달리 해석한 용어다.

$\sqrt{2}$ 같은 무리수가 등장하자 그 이전의 수들은 무리수와 비교되었다. 무리수 이전의 수들은 모두 분수로 표현된다는 점에서 무리수와 다르다. 그래서 새로 등장한 수를 분수로 표현되지 않는다는 의미로 무리수라고 했다. 분수로 표현되던 이전의 모든 수를 유리수라고 달리 불렀다. 유리수란 용어는 무리수의 등장으로 인해 분수로 표현되던 수들을 달리 해석한 것이다.

실수라는 용어는 허수와 비교된다. 허수는, 허수 이전의 수들과 비교되었다. 기존의 수를 허수와 비교하여 다시 해석했다. 그 결과 기존의 수를, 실제적인 크기를 다룬다는 점에서 실수라고 했다. 새로 등장한 수를, 실제가 아닌 가상의 크기라는 점에서 허수라 불렀다.

수와 관련된 용어에는 수의 역사가 담겨 있다. 수가 만들어지게 된 배경이나 방법, 그 수를 바라보던 사람들의 생각과 관점, 그 수의 등장과 더불어 일어났던 역사적인 이야기 등이 포함되어 있다. 알고 보면 흥미롭지만, 모르고 보면 어렵기만 하다.

당신은 당신의 진짜 신분을 사용할 수도 있고,

왓츠앱과 같은 것에는 전화번호를 사용할 수도 있고,

인스타그램과 같은 것에는 가명을 사용할 수도 있다.

하지만 그런 것들을 통해 여러분은

단순히 콘텐츠를 공유하고 소비하는 것이 아니라,

사람들과의 관계를 형성하고 사람들에 대한 이해를 형성하는 것이다.

You can use your real identity,

or you can use phone numbers for something like WhatsApp,

and pseudonyms for something like Instagram.

But in any of those you're not just sharing and consuming content,

you are also building relationships

with people and building an understanding of people.

—

기업가 마크 주커버그(Mark Zuckerberg, 1984~)

08

**갈수록
차원을
높여가는 수**

복소수는 수학 자체의 논리와 법칙에 근거하여, 수학이 독자적으로 만들어낸 수였다. 수만의 독자적인 우주를 탄생시킨 빅뱅이었다. 그로 인해 현실과의 연결고리가 없다는 이유로 버려지고 사장되었던 방정식도 풀렸다. 이론적이고 추상적인 새 수학들이 속속 등장했다. 그러나 복소수가 끝이 아니었다. 복소수보다 더 기이하지만 기똥찬 상상력이 발휘된 수가 또 등장했다.

＞

　복소수에 실수가 포함되었다고 하지만, 복소수는 상상과 사유를 통해 만들어진 수였다. $i=\sqrt{-1}$은 사유를 통해서만 정의된 수였다. 현실이나 물리적 세계와의 연결고리는 존재하지 않았다. 제곱하면 −1이 된다는 것 이외에 i를 이해해볼 만한 힌트는 존재하지 않았다. 그 흔적이나 이미지를 전혀 볼 수가 없었다.

　그 이미지를 잡을 수 없었다는 점에서 복소수는 음수와 비슷했다. 음수 역시 보이지 않는다는 점 때문에 어려움을 겪었던 수이지 않은가. 복소수도 그랬다. 복소수를 접하는 사람들도 어떻게 이해해야 할지 종잡을 수가 없었다. 복소수에 대한 감이라도 잡아볼 수 있게 해줄 뭔가를 원했다. 머리로만 이해할 게 아니라, 눈으로 볼 수 있을 만한 뭔가를 원했다.

　수직선이 답이었다. 수를 보여주는데, 특히나 음수처럼 보이지 않는 수를 보여주는 데 수직선만 한 게 없었다. 음수가 수로 받아들여지는 데 결정적인 역할을 한 것도 수직선이지 않았던가. 복소수에게도 수직선이 필요했다. 다른 수들 옆에 나란히 자리 잡을 수 있는 수직선.

복소수는
평면 위의 점으로

기존의 수직선은 실수를 위한 것이었다. 수직선과 실수는 완벽하게 일대일 대응을 이뤘다. 고로 수직선에 복소수를 위한 자리는 없었다. 수직선이되 다른 수직선이어야 했다. 그게 바로 복소평면이었다. 복소수를 평면의 좌표 위에 나타낸 것이었다.

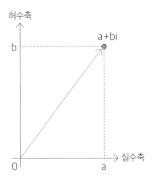

복소평면에는 두 개의 축이 있다. 실수축과 허수축이다. 복소수의 실수부분을 실수축에, 허수부분을 허수축에 대응시킨다. 그러면 복소수 a+bi는 (a, b)의 점으로 나타난다.

기존의 수직선은 1차원의 선이었다. 실수는 그 선 위의 점이었다. 그 선의 위치는 −2나 3 같은 하나의 값으로 표현되었다. 복소평면에는 두 개의 축이 있기에, 점의 위치는 두 개의 값으로 표현된다. 복소수는 2차원의 수인 셈이었다.

실수는 1차원 수직선 위의 점으로 표현된다. 모든 실수를 점으로 표현하면 1차원 실선이 된다. 끊이지 않고 연속성을 갖는 선이다. 복소수는 2차원 평면 위의 점으로 찍힌다. 모든 복소수를 점으로 찍으면 평면이 된다. 평면 위의 모든 부분을 완벽하게 메운다.

3차원의 수가
가능할까?

복소수를 복소평면에 표현하면서 수를 차원의 관점에서 바라볼 수 있게 되었다. 실수는 1차원의 수였다. 복소수는 2차원의 수였다. 수를 차원의 관점에서 해석하는 게 가능했다.

차원이란 뭔가? 일반적인 개념은 이렇다. 점의 위치를 정확하게 나타내는 데 필요한 수의 개수다. 수직선을 생각해보라. 어떤 점을 잡더라도 그 점의 위치를 기술하는 데 필요한 수는 딱 하나다. 0이든, 3이든 −2든 하나만 알려주면 어느 점인지 콕 찍을 수 있다. 그래서 1차원이다.

평면 위에 있는 점의 위치를 표현하려면 두 개의 수가 필요하다. (2, 3)이나 (−3, −4)처럼 두 개의 수가 있어야 한다. 두 개의 수만 알려주면 드넓은 평면 위에서도 어느 점인지 콕 하고 찍을 수 있다. 그래서 평면은 2차원이다. 필요한 축의 개수는 두 개다.

물리적 공간은 3차원이다. 앞뒤, 좌우, 위아래의 위치를 표현해주는 수가 필요하다. 축으로는 세 개가 필요하다. 보통은 x축, y축, z축이라고 한다. (2, −1, 3)처럼 좌푯값은 세 개의 요소를 갖는다. 이 세 개의 축에 시간이라는 축을 더하면 4차원이 된다. 같은 장소라고 하더라도 시간이 달라질 수 있다. 아인슈타인을 통해 4차원 시공간이라는 개념이 일반화되었다.

복소수를 2차원의 수로 해석하게 되면서 자연스럽게 이어진 질문이 있었다. 1차원의 수, 2차원의 수가 가능하다면 3차원의 수도 가능하지 않겠는가? 이렇게 해서 3차원의 수를 찾아 헤매는 일이 벌어졌다. 순전히 수학의 관심사였다.

모든 수학은 패턴을 설명하기 위해

잘 조정되고 정교하게 조절된 언어다.

규칙적으로 배열된 5개의 점이 있는 별의 패턴이든,

매우 규칙적인 진행을 따르는

2, 4, 6, 8, 10과 같은 숫자의 패턴이든 상관없다.

All mathematics is a language that is well tuned,

finely honed, to describe patterns; be it patterns in a star,

which has five points that are regularly arranged,

be it patterns in numbers like 2, 4, 6, 8, 10

that follow very regular progression.

—

물리학자 브라이언 그린(Brian Greene, 1963~)

>

3차원의 수, 형식적으로 생각해보면 복잡할 것 같지는 않았다. 1차원의 수는 실수 a였고, 2차원의 수는 복소수 a+bi였다. 복소수는 실수 a에 허수축 i를 더한 것에 불과했다. 고로 3차원 수는 복소수에 실수도 i도 아닌 그 무엇을 더해주면 될 일이었다.

3차원의 수는 a+bi+cj라고 할 수 있다. 새로 더해지는 축을 j라고 표기했다. j는 실수도 아니고 i도 아니다. i≠j. 그래야 3차원이라고 할 수 있다. j는 실수가 아니기에 제곱하면 음수가 될 수밖에 없다. $j^2=-1$. 형식과 조건을 모아보면 다음과 같다.

3차원의 수: a+bi+cj ($i^2=j^2=-1$, i≠j)

그럼 끝일까? 아니다. 수로서의 역할을 문제없이 수행할 수 있는지를 확인해야 한다. 그 역할이란 연산을 말한다. 연산 규칙에 모순이 없어야 한다. 연산에 있어서 3차원의 수가 문제가 있는지 없는지를 확인해야 한다.

3차원의 수는
불가능하다!

3차원의 수가 가능할까? 더 구체적으로는 3차원의 수는 연산에 있어서 아무런 문제를 발생하지 않을까? 이런 질문에 대한 결론을 찾고자 노력했던 윌리엄 해밀턴이라는 수학자가 있었다. 그는 연구 끝에 3차원의 수는 불가능하다는 걸 밝혀냈다. 논리적인 모순이 발생하기 때문이었다.

$a+bi+cj$에서 a, b, c는 실수이다. $i^2=j^2=-1$이다. 이 수에는 세 개의 축이 존재한다. 각 축의 단위는 1, i, j이다. 연산을 하다 보면 분명히 ij인 경우도 마주칠 것이다. 그 연산의 결과는 분명히 삼원수여야 한다. 즉 $ij=p+qi+rj$처럼 삼원수로 표현될 것이다. 그런데 이 상태에서 문제점이 발생해버린다.

$ij=p+qi+rj$ (p, q, r은 실수이다)

$(ij)i=(p+qi+rj)i$ (양변에 i를 곱해주자. j를 곱해줘도 된다)

$i^2j=pi+qi^2+rij$

$-j=pi-q+rij$ ($ij=p+qi+rj$를 대입한다)

$-j=pi-q+r(p+qi+rj)$

$$-j=pi-q+rp+rqi+r^2j$$
$$rp-q+(p+qr)i+(r^2+1)j=0$$

마지막 식에서 좌변이 0이 되려면, 각 항의 계수는 0이 되어야 한다. $rp-q=0$, $p+qr=0$, $r^2+1=0$. 이 식에서 $r^2=-1$이다. 그런데 맨 처음에 p, q, r은 실수라고 했다. r은 실수이므로 $r^2=-1$이 될 수 없다. 모순이 발생했다. 이 모순은 $ij=p+qi+rj$라는 정의에서 비롯되었다. 고로 $ij=p+qi+rj$일 수 없다. ij는 3차원의 수가 될 수 없다.

삼차원의 수 $a+bi+cj$를 정의하고, 연산에서 발생할 수 있는 경우를 훑어봤다. 그 경우의 하나가 ij다. 그런데 앞에서처럼 ij는 3차원의 수가 아니어야 한다. 3차원의 수인데 3차원의 수가 아

에드윈 A. 애보트의 1884년작 『플랫랜드』
평면도형이 3차원 공간을 탐구해가는 SF 소설이다.
19세기 작품이다. 작가는 일찍부터 차원 높은
세계를 꿈꿨다. 수가 차원 높은 세계를 꿈꾸듯이.

니라는 건 모순이다. 3차원의 수는 연산이 완전하지 않다는 말이다. 고로 3차원의 수를 정의하는 것은 불가능하다.

수를 3차원으로 확장하는 것은 불가능했다. 형식적으로는 정의할 수 있지만, 수들끼리의 연산에서 모순이 발생한다.

>

3차원의 수가 불가능하다고 해서 4차원의 수도 불가능하다고 말할 수는 없다. 엄밀한 논증을 통해서 확인해보기 전까지는 알 수 없다. 그래서 수학은 4차원 이상의 수는 가능한지의 여부를 살펴봤다. 참으로 집요한 수학이다. 그 결과 4차원의 수는 가능하다는 것을 밝혀냈다. 윌리엄 해밀턴의 기나긴 연구 성과였다.

4차원의 수는 a+bi+cj+dk로 표현된다. 실수축, i축, j축, k축 이렇게 네 개의 축으로 구성된다. $i^2=j^2=k^2=ijk=-1$과 $i \neq j$, $j \neq k$, $i \neq k$라는 조건이 있다. 3차원의 수와는 달리 4차원의 수는 수끼리의 연산 규칙을 설정할 수 있었다. 4차원의 수는 가능했다. 이런 수를 사원수라고 부른다. 네 개의 원소로 구성된 수라는 뜻이다.

차원이 높아질수록, 다른 성질이 있다

〈

　사원수는 가능하다. 단, 조금 특이한 조건이 있다. 곱셈의 교환법칙은 성립하지 않는다. $2 \times 3 = 3 \times 2$와 같이 순서를 바꿔서 곱하는 것이 사원수에서는 안 된다. 실수에서는 너무도 당연하고 자연스럽게 성립하는 성질이 사원수에서는 통하지 않는다. 사원수가 실수와는 다르다는 걸 확실히 알려주는 징표다.

　복소수에서 사원수로 수는 또 팽창했다. 상상 불가의 세계로 수의 우주는 그렇게 진화해갔다. 그 진화의 발걸음은 팔원수로도 이어졌다. 실수를 포함해 8개의 축을 갖는 수다. 머릿속으로만, 수학으로만, 상상 가능한 수다.

　팔원수에도 실수와는 다른 성질이 있다. 곱셈에서 교환법칙과 결합법칙이 성립하지 않는다. 사원수보다 안 되는 게 더 많다. 그만큼 제한이 많다. 차원이 높아지는 대가로 지불한 게 아닌가 싶다. 더 높이 올라가기 위해 일부분을 떼고 날아가는 로켓과 같다.

상상 속의 숫자는 실제 세계와 아무 관련이 없는

수학적인 게임일 뿐이라고, 누군가는 생각할지도 모른다.

그러나 긍정적인 철학의 관점에서 보면 무엇이 진짜인지 알 수 없다.

우리가 할 수 있는 모든 것은 우리가 살고 있는 우주를 묘사하는

수학적 모델을 찾는 것이다. 상상의 시간에 관련된 수학적 모델은

우리가 이미 관찰한 효과뿐만 아니라 우리가 측정할 수 없지만

상당한 이유로 인해 믿고 있는 효과도 예측한다는 것이 밝혀졌다.

그래서 무엇이 진짜이고 무엇이 상상인가?

그 차이는 우리 마음속에만 존재하는가?

One might think this means that imaginary numbers are

just a mathematical game having nothing to do with the real world.

From the viewpoint of positivist philosophy, however,

one cannot determine what is real. All one can do is

find which mathematical models describe the universe we live in.

It turns out that a mathematical model involving imaginary time predicts

not only effects we have already observed but also effects

we have not been able to measure yet nevertheless believe in for other reasons.

So what is real and what is imaginary? Is the distinction just in our minds?

—

물리학자 스티븐 호킹(Stephen Hawking, 1942~2018)

3부

수,
어떻게 공부할까?

09

숫자의
5원소

수의 세계는 수많은 별들로 이뤄진 우주와 같다. 수 하나가 별 하나다. 각각의 별이 고유한 모양과 질량을 갖고 있듯이, 수도 각기 다른 크기를 갖고 있다. 다른 수와 상호작용하며 우주를 형성한다. 그 우주에는 일정한 법칙과 규칙, 원소가 존재한다. 수에도 수만의 질서와 원소가 존재한다. 아라비아 숫자의 기본 요소부터 살펴보자.

>

　수는 무엇을 나타내는 것일까? 양 또는 크기가 수의 관심사다. 대상의 크기가 얼마나 되는가를 정확하게 포착하는 것이 수의 목적이다. 개수로부터 시작해 현실의 크기를 모두 표현해냈다. 나중에는 현실과 전혀 관련이 없는 크기까지도 창조해냈다.

　크기에 대한 생각은 수의 발전과 더불어 바뀌었다. 맨 처음에 크기란 셀 수 있는 것이었다. 보고 만질 수 있는 개수가 크기였다. 그러다가 음수, 무리수를 거치면서 생각이 달라졌다. 크기란 시각적인 눈으로만 보는 게 아니었다. 생각의 눈을 통해 볼 수 있는 것이라면 어떤 것이든 크기가 될 수 있었다. 자유롭게 상상하되 논리적으로 엄밀하게 규정할 수만 있다면, 그게 크기이자 수였다.

　수는, 현실의 우주를 크기라는 관점에서 바라본 또 다른 우주다. 크기라는 관점을 따라 추상화된 우주가 수다. 그 우주는 이제 현실의 우주와 일부만을 공유한다. 독자적인 우주를 구축했다. 부모의 품을 떠난 자식처럼, 자신의 생각과 삶을 따라 살아가고 있다.

수는 단위로
구성되어 있다

수를 구성하는 규칙이 있다. 수는 무엇보다 단위로 구성된다. 단위란, 크기를 파악할 때 기준이 되는 크기를 말한다. 1cm, 1m, 1g 등이 대표적인 단위다. 수에도 단위가 있다. 그 단위와의 관계를 통해 나머지 수들이 결정된다.

단위가 달라지면 수가 달라진다. 수가 다르다면 단위 또한 다른 것이다. 자연수, 분수, 소수, 음수는 서로 다른 수다. 각 수의 단위는 서로 다르다. 자연수의 단위는 1이고, 분수의 단위는 1/n(n은 정수)이다. 소수는 0.1, 0.01 같은 것들이다. 음수는 단위에 방향이라는 요소를 추가했다. 어떤 수인지를 알고 싶거든, 그 수의 단위가 무엇인지를 보면 된다.

제곱해서 음수가 되는 크기를 나타내는 허수를 생각해보라. 그런 크기를 나타내기 위해 가장 먼저 한 것이 무엇이었나? 허수 단위를 설정했다. $i=\sqrt{-1}$이라는 단위를 설정하자 모든 허수의 표기가 가능해졌다. 단위가 얼마나 중요한가를 잘 보여준다.

무리수는 단위에 있어서 예외적인 특징이 있다. 무리수는 분수로 나타낼 수 없다. 그 크기를 유한하게 나타낼 수 없다. 단위를 전혀 파악할 수 없다. 각각의 무리수가 서로 다른 단위를 갖고 있다고 봐야 한다. 무리수 전체를 아우를 수 있는 단위가 존재하지 않는다.

복소수는 하나의 수 같지만 실상은 두 개의 서로 다른 수들의 집합이었다. 고로 복소수의 단위 역시 두 개의 서로 다른 단위로 구성되어 있다. 실수의 단위인 1과 순허수의 단위인 i. 단위를 통해 수를 보면 그 수를 잘 이해할 수 있다.

우주의 창조자는 신비로운 방법으로 일한다.

하지만 그는 10진법의 수를 사용하고 어림수를 좋아한다.

The creator of the universe works in mysterious ways. But he uses a

base ten counting system and likes round numbers.

—

작가 스콧 애덤스(Scott Adams, 1957~)

수와 숫자는 다르다. 말을 기록한 것이 문자이듯, 수를 기록한 문자가 숫자다. 말에 해당하는 게 수라면, 문자에 해당하는 게 숫자다. 말과 문자는 아무렇게나 형성되지 않는다. 사용하기 편하도록 진화한다. 수와 숫자도 그렇다. 사용하기 편하도록 효율적인 방법을 채택한다.

크기를 말하고 기록할 때 아무렇게나 막 하지 않는다. 책장에 책을 아무렇게 놓으면 결과는 훨씬 덜 효율적이다. 차곡차곡 분류해서 정리해놓으면 더 많은 책을 놓을 수 있다. 수도 크기별로 분류하여 효과적으로 센다. 하나씩 세기보다 묶어서 센다.

투표 후 개표할 때 어떻게 하나? 득표수를 바를 정(正) 모양으로 표기하거나 5개씩 묶어서 표기한다. 보기도 쉽고 나중에 계산하기도 편하다. 그처럼 몇 개씩 묶어서 수를 세는 방법을 진법이라고 한다.

우리는 지금 아라비아 숫자를 사용한다. 이 숫자는 열 개씩 묶어서 센다. 10진법을 사용한다. 몇 진법을 사용하는지는 수의 단위를 보면 알 수 있다. 수의 단위가 어떻게 커지는가를 보면 된다. 아라비아 숫자는 일, 십, 백, 천 이렇게 단위가 증가한다. 열 개씩 묶어서 더 큰 단위를 만든다. 그래서 10진법이다.

지구촌에서는 아라비아 숫자가 전 세계적으로 보급되어 있다. 다른 진법의, 다른 숫자를 구경하기 쉽지 않다. 박물관이나 도서관에 가야 구경할 수 있다. 그래도 종종 마주칠 수 있는 진법이 있다. 2진법이다. 0과 1 두 개의 숫자를 사용하는 컴퓨터 때문이다. 2진법의 단위는 $1, 2, 2^2, 2^3, \cdots\cdots$ 이렇게 증가한다.

\>

34,572를 우리는 '삼만 사천 오백 칠십 이'라고 읽는다. 수를 셀 때 사용하는 일(一), 십(十), 백(百), 천(千), 만(萬), 억(億), 조(兆) 같은 말은 진법에 의해 만들어진 말이다. 큰 단위를 알려주기 위해 만들어졌다. 이 말들은 아라비아 숫자로부터 유래된 게 아니다. 한자 표기법으로부터 유래되었다. 10진법이라는 점이 같기에 같이 사용될 수 있다.

아라비아 숫자는 수를 표기할 때 더 간단한 방법을 사용한다. 열 배씩 커지는 단위를 알려주는 말을 아예 사용하지 않는다. 대신 위치로 단위를 대신한다. 위치에 따라 자릿세를 달리 받듯이, 수의 위치에 따라 나타내는 크기를 달리한다. 일의 자리, 십의 자리, 백의 자리처럼 자릿값의 개념을 사용한다. 같은 수더라도 자리가 다르면 나타내는 크기가 다르다. 333처럼 맨 앞의 3은 300을, 맨 뒤의 3은 그저 3을 나타낸다.

열 개의 서로 다른
숫자만을 활용한다

아라비아 숫자로는 어떤 수도 다 적을 수 있다. 종이와 연필만 준다면 어떤 크기도 다 표기할 수 있다. 그렇다고 사용하는 숫자 또한 무한히 많은 건 아니다. 오직 열 개의 숫자만을 필요로 한다.

0, 1, 2, 3, 4, 5, 6, 7, 8, 9. 아라비아 숫자에서 필요한 숫자 전부다. 이 숫자만으로 모든 크기를 나타낼 수 있다. 자릿값과 10진법의 방법을 사용하기 때문이다.

자릿값을 사용하기에 단위가 커지더라도 문제될 게 없다. 위치만 달리하면 된다. 별도의 장치나 수단이 없어도 된다. 특정 자리에 사용되어야 할 숫자만 있으면 된다. 10진법이기에 일의 자리든, 십의 자리든 필요한 숫자는 열 개다. 0부터 9까지. 9 다음은 자릿값의 위치를 바꿔 1로 표기한다. 그래서 열 개의 숫자만 있으면 된다.

열 개의 숫자가 서로 다르기에, 수의 크기와 숫자의 길이는 비례한다. 1000과 999를 보자. 수의 길이만으로 우리는 1000이 더 크다는 걸 안다. 수가 더 길면 크기가 더 크다. 열 개의 숫자를 각기 다른 하나의 숫자로 표현했기 때문이다.

아랍인들이 멍청하다고 생각하세요?

그들은 우리에게 숫자를 알려줬어요.

로마 숫자로 긴 나눗셈을 한번 해보세요.

Do you think Arabs are dumb? They gave us our numbers.

Try doing long division with Roman numerals.

—

작가 커트 보니것(Kurt Vonnegut, 1922~2007)

10

**수는
연산과
짝을 이룬다**

누군가를 잘 이해하려면 그의 친구들이나, 그의 네트워크를 살펴보는 게 좋다. 존재와 존재를 둘러싼 환경은 분리되어 있지 않다. 그 존재가 환경을 만들어가고, 환경이 그 존재를 만들어간다. 수를 잘 알려면 수를 둘러싸고 있는 환경도 곁들여봐야 한다. 수를 둘러싼 중요한 환경으로 연산이 있다. 수는 연산과 짝을 이룬다.

연산(演算)이란 셈(算)을 행한다(演)는 뜻이다. 쉬운 말로 하자면 계산이다. 3+5−2를 계산하면 6이다. 계산을 하고 나면 긴 수들이 하나의 수로 둔갑을 한다. 최종적인 크기가 얼마인가를 알게 된다. 크기가 얼마나 커졌는지 작아졌는지를 확인할 수 있다.

수가 대상 하나만의 크기를 다룬다면, 연산은 대상들의 크기 변화를 다룬다. 대상 하나에만 국한되어 있던 수의 한계를 극복하게 해준다. 크기의 변화까지도 다룰 수 있게 해준 것이 연산이다. 그럼으로써 수들 간의 관계를 설정해준다. 어느 수가 크고 작은지, 얼마나 크고 작은지를 알려준다.

수에 있어서 연산은 매우 중요하다. 수들의 관계, 즉 크기들의 관계를 설정해주는 게 연산이기 때문이다. 연산을 하려고 수를 만들어냈다고도 말할 수 있다.

수라면 연산 가능해야 한다. 그래야 수를 제대로 활용할 수 있다. 그래서 수를 새로 배우면, 그 수의 연산을 따라서 배우는 것이다. 음수를 배우면서 음수의 연산을 배우고, 복소수를 배우면서 복소수의 연산을 바로 배운다.

연산에서도
수의 단위를 살펴야 한다

〈

겉모습만 보자면 연산이란, 두 수를 연산 기호의 규칙에 따라 하나의 수로 줄이는 것이다. 연산 기호가 달라지면 연산의 결과도 달라진다. +(덧셈)일 때와 −(뺄셈)일 때의 결과가 다르다. 연산 기호마다의 규칙이 다르기 때문이다. 4+3=7이고, 4−3=1이다.

연산에서도 수의 단위는 중요하다. 특히 덧셈과 뺄셈에서는 아주 중요하다. 두 수의 단위가 어떻게 되느냐에 따라서 연산 가능한지 아닌지가 결정된다.

덧셈과 뺄셈이 가능하려면 두 수의 단위가 같아야 한다. 그래야 바로 연산할 수 있다. 4+3=7이 되고, 3.5+2.2=5.7이 된다. 자연수나 소수의 경우는 단위가 맞춰져 있다. 그렇기에 자연수와 소수의 연산은 쉽게 된다.

분수의 연산은 경우에 따라 다르다. 두 분수의 단위가 같으면 연산은 바로 가능해진다. 2/7나 3/7의 단위는 1/7로 같다. 그렇기에 2/7+3/7=5/7가 된다.

하지만 2/7와 3/5의 단위는 다르다. 2/7+3/5은, 사과 2개에 파인애플 3개를 더하라고 하는 것과 같다. 단위가 달라 바로 연산할 수 없다. 통분과 같은, 단위 조정 작업을 해줘야 한다.

　　연산에서도 수의 단위가 중요하다. 단위에 따라 연산 가능 여부나, 어떤 방식으로 연산하는지가 달라진다(연산에 관한 자세한 이야기는『맛있는 연산』책에서 자세히 다루겠다).

숫자들은 수량의 전 세계를 지배한다고 말할 수 있고,

산술의 사칙연산은 수학자의 완전한 장비로 간주될 수 있다.

The numbers may be said to rule the whole world of quantity,

and the four rules of arithmetic may be regarded

as the complete equipment of the mathematician.

—

과학자 제임스 맥스웰(James C. Maxwell, 1831~1879)

연산과 수는 서로 다른 개념이 아니다. 용어는 다르지만 둘은 서로 연결되어 있다. 돌고 돌다 보면 만나게 되는 뫼비우스의 띠 같다. 연산을 통해 수가 만들어지고, 수가 만들어지면 새로운 연산이 가능해진다.

연산은 수를 직접 만들어내기도 했다. 음수는 3-5처럼 작은 수에서 큰 수를 빼는 연산을 처리하기 위해서 고안되었다. 그렇게 만들어진 기호로서의 음수는 돌고 돌아 공식적인 수가 되었다. 음수는 뺄셈이라는 연산이 만들어낸 수였다.

제곱근은 새로운 수를 많이 만들어낸 연산이었다. 제곱근이란 제곱했을 때 어떤 수가 되게 하는 값이다. 제곱의 역연산이다.

3을 제곱하면 9이다. 반대로 9의 제곱근은 +3 또는 -3이다. +3 또는 -3을 제곱하면 9가 되니까. 제곱근은 루트($\sqrt{}$)라는 기호로 표현한다. $+\sqrt{n}$이라고 하면 제곱해서 n이 되는 두 개의 수 중에서 양수를 말한다.

무리수나 허수는 제곱근의 연산을 통해서 등장했다. $\sqrt{2}$처럼 분수로 표현되지 못하는 제곱근이 무리수였다. 음수의 제곱근인

$i(i=\sqrt{-1})$를 품고 있는 수가 허수였다. 무리수나 허수는 제곱근이라는 연산의 빈틈을 메우기 위한 수였다. 연산이 곧 수였던 셈이다.

소수는 연산을 쉽고 편리하게 하기 위해서 고안된 수였다. 분수끼리의 크기 비교나 연산은 무척이나 어려웠다. 단위가 달라서였다. 그 단점을 극복한 게 소수였다. 소수는 연산의 난이도를 낮추고 연산의 속도를 높여줬다.

>

아인슈타인은 물질과 공간이 연결되어 있다는 사실을 밝혀냈다. 물질은 공간을 왜곡한다. 질량이나 속도와 같은 물질의 상태가 공간에 영향을 미친다. 물질을 보면 인근의 공간을 짐작할 수 있다. 역으로 공간의 상태를 보면 인근에 존재하는 물질의 상태를 추측해볼 수 있다.

수와 연산의 관계는 물질과 공간의 관계와 비슷하다. 수와 연산은 완전히 분리되어 있지 않다. 연산은 수를 만들고, 수는 연산을 만들어낸다. 수는 연산으로, 연산은 수로 이어진다.

연산은 크기 비교이자 대상 간의 관계 파악이었다. 그 관계 파악을 위해 탄생한 것이 수였다. 연산의 공간에서 존재를 드러낸게 수였다. 수는 물질처럼 다양하다. 물질마다 공간이 달라지듯이, 수마다 연산 방식 또한 달라진다. 수와 연신은 서로가 서로를 그리고 있다.

11

**수는 모양으로
다른 기호로
변한다**

수는 크기를 나타내는 개념이고, 그 수를 기록한 숫자는 기호다. 수가 나타내는 크기는 이미 추상화되었다. 수에 대한 개념을 실제 세계의 일부로 국한할 필요가 없다. 자유로운 상상을 통해 허수나 복소수를 만들어낼 수 있었듯이, 자유로운 상상력을 통해 수와 숫자를 다양하게 활용할 수 있다. 생각을 바꾸면 수는 수가 아닌 그 무엇이 되어버린다.

수를 사전에서 찾아보면 이렇게 나온다. "셀 수 있는 사물을 세어서 나타낸 값"이라고. 우리는 이 정의가 불충분하다는 걸 이미 안다. 수는 셀 수 있는 사물에서만 나온 게 아니었다. 셀 수 없는 사물, 사물이 아닌 생각 자체로부터도 수가 만들어졌다.

수학에서 말하는 크기는 이제 현실적이고 물리적인 세계를 초월했다. 허수나 복소수에서 보듯이 그저 생각으로 규정해놓은 크기로까지 나아갔다. 일상에서는 구체적이지만, 수학에서의 크기는 추상적이다. 아무런 실체가 없는 개념일 뿐이다.

추상적인 개념은 이해하기 쉽지 않다. 구체적이지 않기에 그게 뭔지 단박에 알기가 어렵다. 허수나 복소수가 어렵게 느껴지는 이유도 추상화된 수이기 때문이다. 추상적인 개념에도 장점은 있다. 자신의 생각을 보태어 얼마든지 변형하고 활용하는 게 가능하다. 자유라는 추상적인 개념으로부터 부자유, 자유도, 자유력, 자유함수 같은 다른 개념을 만들어낼 수 있다. 자유를 '자기의 이유'라거나 '자기만의 유유자적' 같은 방식으로 활용하는 것도 가능하다.

수도 추상화된 개념이다. 셀 수 있는 사물의 개수라는 케케묵은 생각을 지우자. 그런 고정관념의 중력을 무시하면 수를 다양하게 변형할 수 있다.

수는 수직선을 통해 점이 된다. 1, 2, 3이라는 수가, 위치가 다른 점으로 전환되는 것이다. 작은 점이기는 하지만, 엄청난 반전이다. 추상적인 문자이자 기호였던 수가 점이라는 구체적인 형태로 바뀌어버렸다.

수가 점으로 변형되면서 수는 모양을 갖게 되었다. 수 하나는 점 하나가 된다. 점도 모양이자 도형이다. 추상적인 문자가 이미지로 변신했다. 이 점들이 모이면 도형이 된다. 그 도형은 다시 수식이 되고.

점으로의 변형은 수학에서 매우 중요하다. 수나 수식은 도형이 된다. 역으로 도형은 또한 수식이 될 수 있다. 수나 수식을 다루는 대수가, 도형을 다루는 기하와 모습을 주고받을 수 있게 되었다. 대수와 기하를 연결해서 접근하는 관점이 생겼다.

점으로서의 수는 위치가 서로 다른 기호로서의 수다. 1, 2, 3의 차이는 그저 위치의 차이일 뿐이다. 구분 가능하고, 식별 가능한 기호로 바뀐 것이다.

해바라기를 집어들고 그 중심부로 흘러들어가는 꽃들을 세어보라.

밑에서부터 위쪽으로 올라가는 솔방울이나

파인애플의 나선형 비늘을 세어보라.

당신은 놀라운 진리를 발견할 것이다: 반복되는 숫자, 비, 비율.

Pick up a sunflower and count the florets running into its centre,

or count the spiral scales of a pine cone or a pineapple,

running from its bottom up its sides to the top,

and you will find an extraordinary truth:

recurring numbers, ratios and proportions.

—

조경사 찰스 젱크스(Charles Jencks, 1939~2019)

개념을 바꾸면
다른 기호가 된다

수는 크기라는 개념을 뜻하는 기호다. 크기가 내용이라면, 수는 형식이다. 이런 관계는 크기를 표현해온 역사를 통해 형성되었다. 크기는 수였다. 하지만 1, 2 3과 같은 기호가 꼭 크기만 나타내라는 법은 없다. 정보를 전달하라고 만들어놓은 책을 때로는 라면 받침대로도 쓰지 않는가!

맥락을 달리하면, 수도 얼마든지 다른 뜻의 기호가 될 수 있다. 수라는 기호의 모양은 그대로 하되, 내용을 달리하면 된다. 1, 2, 3, 4는 모양이 다르다. 모양이 다른 모든 기호를 대신할 수 있

```
         1
        1 1
        1 2
      1 1 2 1
    1 2 2 1 1 1
    1 1 2 2 1 3
  1 2 2 2 1 1 3 1
1 1 2 3 1 2 3 1 1 1
         ?
```

개미수열로 불린다.
자릿값의 개념을 떼어버리고 이 문제를 만들었다.
?에 들어갈 숫자들은 무엇일까.
각각의 수를 별개의 수로 보면
해결될 기미가 보일 것이다(?!)

다. 약속만 한다면 a, b, c, d로도 사용 가능하다. 그런 식으로 다른 무언가를 대신하는 기호로 사용한다면 수는 암호가 된다.

　기호지만 아무런 내용이 없는 기호로 사용할 수도 있다. 그럴 때 수는 그저 하나의 모양이고 디자인이다. 건물의 벽이나 옷을 장식하기 위해 사용되는 꽃이나 어린 왕자 같은 모양의 하나이다. 크기를 나타내는 수라는 이미지가 워낙 강해 이런 식으로 많이 활용되지 못했을 뿐이다. 그 이미지만 깨버린다면 수를 활용할 수 있는 방법과 방식도 많아질 수 있다.

내 마음에서 숫자와 단어는

페이지에 있는 잉크의 쭈글쭈글한 선 이상이다.

그것들은 형태, 색깔, 질감 등을 가지고 있다.

그들은 내게 생생하게 다가온다.

그것이 내가 어렸을 때 그들을 나의 '친구'라고 생각했던 이유이다.

In my mind, numbers and words are far more than squiggles of ink on a page.

They have form, color, texture and so on. They come alive to me,

which is why as a young child I thought of them as my 'friends'.

—

작가 대니얼 태멋(Daniel Tammet, 1979~)

12

수식도
수일 뿐이다

수식이 나오기 시작하면 수학이 어려워지기 시작한다. 수나 수의 연산은 그나마 할 만하다. 문제는 수식이다. 수식이 등장하면 머리가 복잡해지고, 눈이 흐려지고, 연필을 잡은 손이 멈춰 선다. 어떻게 이해하고, 어떻게 처리해야 할지 막막해진다. 그런 수식을 쉽게 대할 수 있는 방법이 있다. 수식도 수에 불과하다고, 수 정도는 충분히 다룰 수 있다고 생각하면 된다.

$>$

ax²+bx+c=0, y=f(x), a²−b²=(a+b)(a−b) 같은 문자가
등장하면 그제야 초등학교 수학이 쉬웠다는 걸 깨닫게 된다. 문
자가 아닌 구체적인 수만 등장하는 수학은 귀엽게 느껴진다.

문자를 사용하는 데에는 그럴 만한 사정과 이유가 있을 것이
다. 필요도 없는데 학생들 힘들게 하려고 일부러 만든 건 아니다.
사용할 수밖에 없는 사정이 있고, 사용함으로써 얻게 되는 어마
어마한 이득이 있다.

수학에 등장하는 문자를 대할 때 반드시 기억해둬야 할 게 있
다. 문자도 곧 수라는 사실이다. 문자도 3, −2, √5 같은 수다(문자
들이 섞여 있는 수식도 결국 수다). 다만 기능과 형태가 기존의 수와는
다르다. 기존의 수로 표현하지 못하는 크기이기에, 기존의 수와
는 다른 '문자로서의 수'를 사용하는 것이다.

문자도 어떤 수를 대신한다. 그래서 문자를 대수(代數)라고
한다. 어떤 수를 어떻게 대신하는지를 명확하게 알아둬야 한다.
그리고 문자는 수이기에, 수라면 지녀야 할 모습, 수라면 지켜야
할 역할과 의무를 수행해야 한다.

특정할 수 없는 크기를
대신한다

　기존의 수를 생각해보라. 3, −2, $\sqrt{5}$, 5−4i. 이 수들은 특정한 대상의 크기를 뜻한다. $\sqrt{5}$ 같은 무리수도 그 크기를 정확히 표현하지 못한다는 것이지, 그 대상은 하나로 정해져 있다. 기존의 수들은 특정한 대상의 크기를 나타낸다.

　어떤 수에 2를 곱한 다음 5를 더했더니 17이 되었다고 하자. 이 상황에서 우리는 어떤 수를 모른다. 어떤 대상인지 전혀 알 수가 없다. 대상이 정해져 있지 않으니 그 대상의 크기도 알 수 없다. 알지 못한 수인 미지수다. 未知數, unknown number.

　미지수의 자리에 기존의 수를 쓸 수는 없다. 기존의 수들은 모두 대상과 크기가 명확하게 정해져 있다. 대상과 크기를 알고 있는 수이다. 대상과 크기가 정해져 있지 않은 수, 즉 미지수를 위해서는 다른 수를 써야 한다. 새로운 수가 필요하다. 그게 문자다.

　문자는 수를 대신한다. 그때의 수는, 특정할 수 없는 대상의 크기를 나타낸다. 보통 많이 사용되는 문자는 a, b, c나 x, y, z 같은 알파벳이다. 이런 식으로 문자를 처음으로 사용하기 시작한 곳이 근대의 서양이었기 때문이다.

특정할 수 없는 대상의 크기를 나타내는 미지수가 등장했다. 기존의 수를 또 달리 해석해볼 수 있다. 기존의 수는 특정할 수 있는 대상, 즉 크기를 알 수 있는 대상에 대해 적용된다. 그래서 이미 알고 있는 수라는 뜻의 기지수라고 한다. 旣知數, known number.

사회 보장, 은행 계좌, 신용카드 번호는 단순한 데이터가 아니다.
잘못된 사람의 손에서 그것들은 누군가의 저축을 없애버리고,
신용을 손상시키고, 재정적인 파탄을 일으킬 수 있다.

Social security, bank account, and credit card numbers aren't just data.
In the wrong hands they can wipe out someone's life savings,
wreck their credit and cause financial ruin.

—

정치인 멜리사 빈(Melissa Bean, 1962~)

>

어떤 수에 2를 곱한 다음 5를 더했더니 17이 되었다는 문제를 보자. 미지수를 활용할 줄 모른다면 이 문제를 수식으로 바꾸지 못한다. 더 이상의 수학이 불가능해진다(이처럼 비교적 단순한 문제는 암산으로 풀 수 있기는 하다).

미지수를 사용할 줄 안다면 양상은 달라진다. 그 대상을 x라고 하자. $2x+5=17$이라는 식을 얻는다. 이 식을 풀면 $x=6$이라는 답이 나온다. 미지수를 사용했기에 가능한 일이었다. 방정식이란 분야가 미지수를 사용해서 문제를 해결해가는 대표적인 경우다.

미지수를 사용하면 수학이 가능해진다. 식을 세울 수 있고, 식을 풀어 답을 이끌어낼 길이 마련된다. 본 적 없는 외계인이지만 어떻게든 표현해놓으면 외계인을 다룬 영화가 가능해지는 것과 같다. 그러면 〈E.T.〉처럼 외계인과 지구인 사이에서 벌어지는 사랑스럽고 아름다운 이야기가 가능해진다.

x는 미지수의 대명사다. 뭔가 있기는 한데 모르겠다 싶으면 x라고 한다. x는 수학 이외의 영역에서도 많이 사용된다. 말콤 X

는 자신의 조상을 정확히 특정할 수 없다 하여 자신의 성을 X로 했다. 범인이 잡히지 않아 미해결 상태인 사건들의 목록을 X파일이라 한다. X선이나 X-염색체는 어떤 건지 몰라 우선 X라고 했던 게 이름이 돼버렸다. x는 익숙한 문화적인 현상이다.

드니 빌뇌브 감독의 2016년작 영화 〈컨택트〉의 한 장면

독특한 모습과 사고방식의 외계인이 등장한다.

그런 이미지를 배경으로

지구인과의 접촉 이야기가 펼쳐진다.

모르더라도 x라고 적절하게 표현하면

스토리가 전개되고, 문제는 풀린다.

대상이 달라지는
경우의 수

수로서의 문자는 특정할 수 없는 대상에만 사용되지 않는다. 특정할 수 있는 대상인데도 문자로 표기하는 경우도 있다.

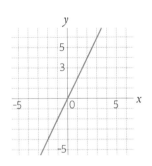

직선의 그래프다. 이 그래프에는 무수히 많은 점이 있다. 직선 위의 점들은 다르지만, 공통의 성질을 갖고 있다. 그렇기에 저렇게 일정한 모양을 만들어내는 것이다. 일정한 모양을 갖는다는 건, 일정한 규칙이 있다는 뜻이다. 몇 개의 점을 살펴보자. (-2, -4), (-1, -2), (0, 0), (1, 2), (2, 4). 각 점들은 수로 표현된다.

그런데 직선 위의 모든 점을 한 번에 표현할 수 있을까? 뭔가 공통점이 있으니, 그 공통점에 근거해 각 점들을 한꺼번에 표현해볼 방법이 있을 것 같다. 각 점의 위치는 다르지만, 각 점은 공통의 성질을 갖고 있으니까 말이다. 여기에서 변수라는 개념이 등장한다.

>

변수란, 변하는 수다. 變數, variable. 다른 수들이지만, 일정한 조건이나 규칙을 공유하는 수들을 하나의 수로 표현한다. 이경우 역시 기존의 수를 적용할 수 없다. 기존의 수는 하나의 크기밖에 표현할 수 없기 때문이다. 많은 수들을 하나의 수로 표현하려면 다른 개념의 다른 수가 있어야 한다.

(-2, -4), (-1, -2), (0, 0), (1, 2), (2, 4), ……. 이 점들은 y좌표 값이 x좌표 값의 두 배라는 성질을 공유한다. 변수는 이 성질을 표현한다. 좌표로 표현하면 (x, 2x)이다. 식으로 표현하면 y=2x이다.

변수는 문자를 사용한다. 이때의 문자는 무수히 많은 구체적 수들을 대변한다. 그 수들의 공통점, 공통의 규칙을 표현한다. 문자 하나로, 무수히 많은 크기들을 표현한다. 기존의 수와는 개념이 다르다.

변수의 개념을 가장 잘 사용하는 분야는 함수다. 변수를 사용해 함수의 규칙을 정확히 표현한다. 함수를 보통 y=f(x)라고 하는데, 이때의 x, y 모두 변수다. 직선이나 원, 포물선, 타원 같은 도형을 수식으로 표현할 때도 변수의 개념이 적용된다. 그 변수를 적용해 표현한 것이 도형의 방정식이다.

수의 세계에 변수라는 새로운 수가 등장했다. 기존의 수는 변수와 다르다. 그랬기에 변수라는 새로운 개념이 필요했다. 기존의 수들은 수의 크기가 변하지 않는다. 알든 모르든 대상이나 크기가 변하지 않는다. 항상 일정하다. 그래서 변수 이전의 수들, 변수와는 다른 수들을 상수라고 한다. 常數, constant 또는 invariable.

예산은 단순히 숫자의 집합이 아니라

우리의 가치와 포부를 표현한 것이다.

The budget is not just a collection of numbers,

but an expression of our values and aspirations.

—

정치인 잭 루(Jack Lew, 1955~)

문자,
연산 가능해야 한다

문자는 곧 수이다. 고로 수가 하는 거라면 문자도 할 수 있어야 한다. 수가 지켜야 하는 거라면 문자도 지켜야 한다. 그 방식은 조금 다를 수밖에 없다. 문자가 기존의 수와는 성질이 다르기 때문이다.

수에서 중요한 요소인 단위를 알아보자. 문자는 대상의 크기가 하나로 결정되어 있지 않다. 몰라서 그렇고, 너무 많아서 그렇다. 특별한 경우가 아니고서는 문자로 표현된 수의 단위를 알 수 없다. 문자가 다르면 단위도 다르다.

문자의 연산을 생각해보자. a+b, a−b, a×b, a÷b. 문자에 대해서는 크기도, 문자의 단위도 모른다. 고로 문자 간의 연산을 더 진행할 수가 없다. 그대로 두는 수밖에 없다. 더 이상 줄일 수 없다. 곱셈기호를 생략하고, 나눗셈 기호를 분수로 고치는 정도만 가능하다(a+a처럼 같은 문자인 경우는 a+a=2a처럼 더 줄일 수 있다). 수식이 그렇게 만들어진다. 수식은 더 이상 연산을 진행하지 못한 문자들의 집합이다.

우리는 수를 쪼개고 묶을 수 있다. $5=2+3=1+1+3=0.1+4.9=\cdots$. 하나의 수를 여러 개의 수로, 여러 개의 수를 묶어서 하나의 수로도 볼 수 있다.

수식도 마찬가지다. $(a+b)^2=a^2+2ab+b^2=a^2+ab+ab+b^2=\cdots$처럼 쪼갤 수도, $a^2+ab+ab+b^2=a^2+2ab+b^2=(a+b)^2$처럼 묶을 수도 있다.

하나의 수식을 다른 형태의 수식으로 변형하는 게 가능하다. 필요하다면 쪼개고, 필요하다면 묶는다. 필요하다면 풀고, 필요하다면 다시 묶는다. 수식을 전개했다가, 수식을 인수분해한다. 경우에 따라 다양한 조작이 가능하다. 수식도 결국 수이기 때문이다. 수식을 수의 관점에서 분석하고 종합하는 관점과 기술이 필요하다.

4부

수,
어디에 써먹을까?

13

일상을 편리하게,
사회를 효율적으로

수를 어디에 써먹느냐? 이렇게 질문할 사람은 없다. 이렇게 물어야 한다. "너, 수를 어디까지 써먹어 봤냐?" 수를 써먹는 곳을 말해보자. 1년 365일을 준다 해도 부족할 정도로 많다. 눈을 조금만 돌려봐도 우리의 일상 여기저기에서는 수가 튀어나온다. 수로 인해 우리의 일상은 무척이나 편리해졌다. 그리고 사회를 형성해갈 수 있었다.

살아가다 보면 많은 문제와 맞닥뜨린다. 인간은 그런 문제를 해결해가기 위해 두뇌를 활용하는 방식으로 진화해왔다. 사유의 힘을 지렛대로 삼아, 단순한 문제부터 복잡하고 난해한 문제를 하나하나 들어올렸다. 수는 아주 유용한 도구였다.

수는 대상의 크기를 가늠할 수 있게 해준다. 얼마나 많고 작

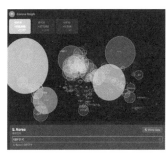

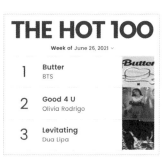

코로나19 통계(2021년 10월 2일) °
코로나19와 관련된 수치가 보인다.
전날에 비해 얼마나 늘었는지도 알 수 있다.
수는 크기를 파악하게 해준다. 어떻게
행동해야 할 것인지 판단하게 해준다.

빌보트 차트 순위(2021년 6월 넷째 주) ° °
BTS의 노래 'Butter'가 1위다. 수는 순서도
나타낸다. 어느 것이 더 잘했는지,
얼마나 빨랐는지를 간단명료하게 알려준다.

° 출처: corona graph, https://corona-graph.netlify.app/
° ° 출처: 빌보드닷컴, https://www.billboard.com/

은지, 얼마나 빠른지 느린지를 한눈에 비교해준다. 그럼으로써 우리가 어떤 대상이나 상황에 대하여 판단할 수 있도록 돕는다. 수를 통해 우리는 이 세계와 적절한 관계를 맺으며 일상을 꾸려 간다.

핸드폰에는 고유한 번호가 있다.
핸드폰마다 번호가 달라 헷갈리거나
중복되지 않는다. 수라는 기호만이
이런 역할을 완벽하게 수행한다.

보드게임 루미큐브다.
수를 배열해 패턴을 만든다.
대상을 수로 치환하면
그 대상의 규칙이나 패턴이 보인다.

나는 전화번호 기억하기를 좋아한다.

그것은 당신의 뇌를 활동적으로 유지시켜주기 때문이다.

뇌를 사용하지 않으면 능력을 잃어버린다.

I like to remember phone numbers because it keeps your brain active.

If you don't use it, you lose it.

—

배우 조앤 콜린스(Joan Collins, 1933~)

미국에서 모든 것은 오늘 누가 1등인가에 관한 것이다.

In America everything's about who's number one today.

—

가수 브루스 스프링스틴(Bruce Springsteen, 1949~)

>

　인간은 사회적 동물이다. 개인의 입장에서는 자신의 삶을 위해 살아간다고 해도, 사회의 유지와 존속이 더 우선적이다. 사회 없이 개인은 존재할 수 없다. 개인주의적 성향이 강한 지금도 그 사정은 마찬가지다. 그 사회를 형성하고 유지하기 위해서는 갖가지 수단이 필요하다. 그 수단의 하나가 수였다.

　사회 형성을 위해서는 의사소통 수단이 필요하다. 말과 문자가 그런 수단이었다. 수와 숫자는 그 수단의 일부였다. 수는 가장 엄밀하고 명확한 기호다. 의사소통 수단으로 가장 적격이다. 오해와 오류를 줄일 수 있는 가장 강력한 수단이었다. 문명을 일궈내고자 하는 곳에서 수를 활용할 수밖에 없었던 이유다. 문명이 있는 곳에 수가 있었다. 역으로 말하는 게 더 적절할 것이다. 수가 있는 곳에 문명이 있었다.

헤로도토스의 책 『역사』
기원전 5세기경에 쓰였다.
고대 이집트에서 수학을 활용해
넓이 문제를 해결했다고 기록했다.
수는 사회 문제 해결에 필수적이었다.

단군신화가 기록되어 있는 『삼국유사』
고대의 신화에는 상징으로 쓰인 수가
가득하다. 수는 상징의 수단으로도
효과적이었다. 사람들의 생각을 연결하며
사회적 네트워크 형성에 기여했다.

17세기 영국의 사망자 수표
이 표를 살펴보던 잔 그라운트는
질병이나 사건에 의한 사망자 수가
해마다 일정하다는 걸 알았다.
사회적인 문제라는 걸 알아차렸다.
사회 문제에 대한 수치적 접근방식이
보편화되는 계기가 되었다.

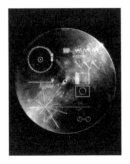

우주로 보내진 골든 레코드
외계인과의 만남을 기대하며 지구에서
우주로 보냈다. 외계인과의 소통을 기대하며
숫자가 기록되어 있다. 수는 이제
외계인과의 소통 수단으로도 각광받고 있다.

4부_ 수, 어디에 써먹을까?

건축에는 매우 수학적이고 기계적인 면이 있다.

그리고 나는 아마도 그런 측면에 더 많이 기댈 것이다.

비록 내가 숫자에 서툴더라도 말이다.

그러나 장식적인 면보다는 그런 면이 더 마음에 든다.

There's a very mathematical, mechanical side to architecture,

and I probably lean more toward that aspect of it,

though I'm terrible at numbers.

But that side appeals to me more than the decorating aspect.

—

배우 에릭 데인(Eric Dane, 1972~)

14

**의미, 상징,
스토리를
창조해간다**

수는 크기 관계를 밝혀준다. 이런 관계 설정의 기능은 세상에 대한 해석으로까지 확장되었다. 수들의 관계를 매개로 해서 세상 돌아가는 이치를 해석하며 철학적인 도구로 활용되었다. 그런 능력은 현실과는 무관한 세계와 스토리의 창조로까지 이어졌다. 상상력을 맘껏 발휘할 수 있는 출구가 되어줬다. 앨리스를 이상한 나라의 세계로 이끌어간 토끼처럼!

>

수들 사이의 크기 관계는 명확하다. 3은 5보다 작다. 2만큼 작다. 어느 수가 크고 작은지, 얼마나 차이가 나는지를 두루뭉술하지 않고 정확하게 파악할 수 있다. 수를 떠받치고 있는 연산은 수들 사이의 관계를 더욱 철저하게 규정해준다.

사람들은 관계 설정에 탁월한 수를 세상에 대한 해석의 지렛대로 활용했다. 어떤 대상이나 현상을 수와 결부해 바라봤다. 대상을 수로 연결시킬 수만 있다면 수의 관계를 통해 그 대상을 해석해낼 수 있었다. 수를 통해 사람을 둘러싸고 있는 대상들의 의미, 인생에서 벌어지는 현상들의 의미를 해석해냈다.

특히 자연수가 유용했다. 자연수는 쉽고 간단하고 명료하다. 누구나 이해하고 사용할 수 있다. 1은 처음이자 시작이며, 9는 일의 자리 수로서는 마지막 수다. 3은 1과 2의 합이고, 3을 두 배하면 6이다. 이런 관계는 그 수의 상징적인 의미가 된다.

수를 상징의 수단으로 활용하는 방식은 어느 문명이건 존재해왔다. 그 양상과 정도만 달랐을 뿐 사회와 문명이 있는 곳에 수는 상징의 코드로 사용되었다. 그 수를 통해 사람은 우주와 의미 있는 관계를 형성했다.

드라마 〈the one〉(2021)
이상적인 커플을 만들어주는
매칭 서비스를 소재로 했다.
1은 유일함과 완전함의 상징이다.
이 세상에 하나밖에 없다.
그 누구도 그 자리나 역할을 대신할 수 없다.

미륵사지 5층 석탑
한국에 남아 있는 석탑 중에서 가장
오래되었다. 탑은 거의 홀수 층이다.
동서남북에 중앙을 더하면 5가 된다.
온 세계를 상징한다.

7인조 그룹 BTS
7인조 그룹 밴드가 많다. 왜 7일까?
7은 행운, 신비, 완전함을 상징한다.
무지개는 일곱 빛깔이고, 백설공주
옆에는 일곱 난쟁이가 있다. 카지노에서
777을 만나면 대박 난 거다.
사진 ⓒ 연합포토

$9\frac{3}{4}$ 승강장
영화 〈해리포터〉에서 등장한다.
9 다음은 10이다. 3/4 다음은 4/4다.
$9\frac{3}{4}$ 은 9와 10의 마지막 경계다.
그 경계를 지나면 마법의 세계다.
9는 마지막, 최고, 한계를 상징한다.

4부_ 수, 어디에 써먹을까?

우리 모두는 인생에서 특별한 숫자를 가지고 있다.

나에게는 4가 그렇다. 4는 내가 태어난 날이다.

엄마의 생일과 많은 친구들의 생일은 4일이다.

4월 4일은 나의 결혼일이다.

We all have special numbers in our lives, and 4 is that for me.

It's the day I was born. My mother's birthday,

and a lot of my friends' birthdays, are on the fourth;

April 4 is my wedding date.

—

가수 비욘세(Beyonce Knowles, 1981~)

소수만의,
외롭지만 고고한 세계

〈

사람에게는 특유의 호기심이 있다. 호기심이 발동하면, 호기심의 끝을 보고야 만다. 그 끝이 현실에 있느냐 없느냐는 중요치 않다. 그저 재미있어서다. 그저 호기심을 충족시켜보고 싶어서다. 자연수는 그 호기심을 자극해버렸다.

2, 3, 5, 7 같은 소수는 호기심이 발휘된 대표적인 세계다. 자연수와 나눗셈, 그리고 호기심이 만나 만들어졌다. 사람들은 소수의 성질에 호기심을 느꼈다. 다른 수로는 나눌 수 없는 수, 다른 수와의 소통을 거부하는 수는 관심의 대상이 되기에 충분했다. 바탕이 되면서도 아주 중요한 수라고 생각해 prime number, 素數라고 이름을 붙였다. 그 소수를 들여다보면서 그 소수에 관한 이야기를 쭉 써내려갔다.

소수는 무한하다!
소수에는 끝이 없다. 소수를 들여다보던 유클리드는 이 사실을 증명해버렸다. 2300년 전이었다. 소수에 대한 관심은 그만큼 오래되었다.

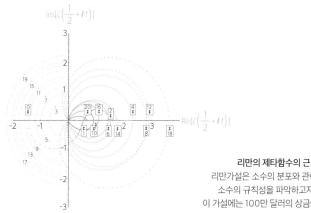

리만의 제타함수의 근
리만가설은 소수의 분포와 관련 있다.
소수의 규칙성을 파악하고자 하는
이 가설에는 100만 달러의 상금이 걸렸다.

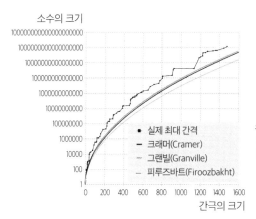

소수의 크기

소수 간극 함수
소수 사이의 간극에는 어떤 규칙이
있을까? 무명의 수학자 장이탕은,
간극이 7000만 이하인 소수쌍은
무한하다는 걸 증명했다.
2013년의 일이었다.

Great
Internet
Mersenne
Prime
Search

Finding World Record Primes Since 1996

단체 GIMPS의 로고
가장 큰 소수를 찾아가는 단체다.
컴퓨터 프로그램도 무료로 제공한다.
누구나 시도해볼 수 있다. 2018년에
24,862,048 자릿수의 소수가 발견되었다.

신은 우주를 가지고 주사위를 던지지 않을 수도 있지만,

소수에게 이상한 일이 일어나고 있다.

God may not play dice with the universe, but something strange is going

on with the prime numbers.

—

에르되시 팔(Erdős Pál, 1913~1996)

>

무리수는 현실 속에서 발견되지 못했던 크기가 존재한다는 사실을 알려줬다. 현실로 인식되지 못했던 현실을 현실로 만들어 줬다. 음수는 보이지 않는 크기도 보이는 크기만큼 잘 다룰 수 있도록 도움을 줬다.

수는 새로운 세계를 열어주는 수단으로도 활용된다. 수의 논리를 적용해 현실을 뒤져보라. 우리가 미처 보지 못했던, 미처 인

양전자(antielectron, positron)
전자와 반대되는 성질을 갖는다.
양수와 음수의 관계와 같다. 최초로 빌건된
반물질이다. 음수라는 개념은 반양성자,
반물질, 반중력의 세계를 열어주었다.

M-이론
끈 이론이 발전된 이론이다.
만물의 근본을 끈으로 본다. 우주가 11차원일
거라고 추측한다. 검증된 과학이론은 아니다.
수학적 추론이다. 수가 그렇게 예견해주고 있다.

식하지 못하고 있던 현실이 살포시 자리 잡고 있다. 그 세계는 호기심과 상상의 나래를 타고 현실 너머로까지 확장된다.

소수를 소재로 한 소설
아포스톨로스 독시아디스의
『사람들이 미쳤다고 말한 외로운 수학 천재
이야기』 잡힐 듯 잡히지 않는 소수의
미스터리가 흥미진진한 소설의 세계로
이어졌다. 수는 소설처럼 흥미로운
새 이야기를 만들어낸다.

양자컴퓨터
양자의 얽힘이나 중첩 같은 기묘한 현상을
활용하려는 컴퓨터다. 개발되면
소인수분해도 훨씬 쉽게 해낼 거라고 한다.
그러면 수를 둘러싼 이야기는
지금까지와는 다르게 전개되어갈 것이다.

과학을 더 많이 공부할수록 물리학은 형이상학이 되고

숫자는 허수가 된다는 것을 더 많이 알게 되었다.

과학에 더 깊이 들어갈수록 땅은 더 질척거린다.

당신은 "오, 과학에는 질서와 영적인 측면이 있다"고

말하기 시작할 것이다.

The more science I studied, the more I saw that physics

becomes metaphysics and numbers become imaginary numbers.

The farther you go into science, the mushier the ground gets.

You start to say, 'Oh, there is an order and a spiritual aspect to science.

—

소설가 댄 브라운(Dan Brown, 1964~)

15

**예술의
소재로
활용되다**

기호와 기호가 지시하는 의미는 고정되어 있지 않다. 해석을 달리하면 기호의 용법은 확 달라진다. 수는 수학의 언어이자 도구였다. 수학의 공간 안에 머물고 있던 행성이었다. 그런데 그 수를 예술의 공간으로 끌어들인 예술가들이 있었다. 수를 예술과의 소통 수단, 예술의 소재로 활용했다.

절대적으로 크고 작은 것도 없다. 5는 3보다 크지만, 5는 10보다는 작다. 같은 선분도 주위의 대상에 따라 길어 보이기도 하고, 짧아 보이기도 한다. 착시 현상은 그래서 가능하다. 절대적인 선도, 절대적인 악도 없다. 관계와 배치, 맥락에 따라 대상에 대한 판단은 달라진다.

예술은 어떤 소재를 쓰느냐에 따라 구분되기도 한다. 예술이 발전해온 역사를 예술이 사용해온 소재의 역사로 볼 수도 있다. 소재가 달라지면 예술의 색깔과 느낌이 달라진다. 수는 전통적인

이상의 1934년작 〈오감도〉
천재 시인이라 불렸던 이상은, 숫자를 기이하게 배치한 시를 썼다.
수를 전혀 다른 맥락에 배치하여 기이하고도 당혹스러운 느낌을 전해준다.

예술의 소재가 아니었다. 고로 수를 예술의 소재로 활용한다면, 기존과는 다른 예술이 가능해진다. 그런 점을 깨닫고 수와 예술의 만남을 위해 노력했던 예술가들이 있었다.

재스퍼 존스, 〈0 through 9〉, 1960년작
미국의 팝아트 화가인 재스퍼 존스
0부터 9까지의 수를 겹쳐 배치한 작품을 창작했다.
숫자로부터 크기를 떼버리고
디자인의 소재로 활용했다.
© Jasper Johns/(VAGA at ARS, New York),/
(SACK, Korea)

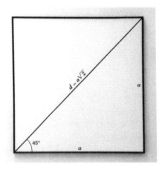

**베르나르 브네, 〈정사각형의 대각선 계산〉,
1966~2010년작**
수학책에서 많이 보는 이미지다.
작가는 말한다. 수학적 대상이 예술의 소재에서
배제되어야 할 이유가 없다고
그는 수를 예술로 끌고 들어왔다.
© Bernar Venet / ADAGP, Paris - SACK,
Seoul, 2021

샤넬 No. 5
가장 유명한 향수 제품이다.
수는 제품의 명칭에, 형태에,
이미지에 활용되고 있다.

영화 〈23 아이덴티티〉
주인공은 23개의 인격을 지녔다. 23이라는 수가
모든 걸 말해준다. 1이 아니라 23이다.
그 수만으로 고정관념을 가볍게 깨버린다.
수는 메시지를 효과적으로 전달한다.

중국의 진마오 타워
중국인이 좋아하는 숫자인 8을 모티브로 했다.
88층 건물로써 8개의 외부 기둥, 8각형 모양, 8:1의 비율을 적용했다.
완공일 역시 (1998년) 8월 8일이었다. 수의 상징을 토대로 세워진 작품이다.

데이비드 보위의 노래 〈space oddity〉
2018년 미국의 테슬라는 화성탐사선 우주에 띄웠다.
자사의 전기자동차에서 이 음악이 흘러나오게 했다.
수는 음악을 보이도록 했다. 높이, 박자, 길이 등은 모두 수로 표현된다.

AIVA의 앨범 〈Genesis〉
AIVA는 작곡가로서 법적 자격을 얻은 최초의 인공지능 작곡가다.
인공지능은 수를 활용하여 패턴을 파악하고, 새로운 패턴의 음악을 만들어낸다.
수가 음악을 창조해내는 도구다.

우리는 창의성을 높이기 위해 숫자를 사용하고,
지루한 숫자에 생명을 불어넣기 위해 창의성을 사용할 필요가 있다.

We need to use numbers to direct our creativity efforts
and use creativity to give life to our boring numbers.

—

작가 푸자 아그니호트리(Pooja Agnihotri, 1972~)

16

과학의
언어가 되다

현대인들에게 과학과 수학의 경계는 모호하다. 과학은 보통 수학의 언어로 표현된다. 수학은 과학적인 질문을 문제 삼아 펼쳐지곤 한다. 자연스럽고 익숙하다. 하지만 과학과 수학의 이런 결합은 그리 오래되지 않았다. 몇 백 년 전 근대문명이 시작되면서 발생한 새로운 현상이었다. 수는 과학의 언어가 되어 우주의 비밀을 밝혀내고 있다.

"우주가 질서를 갖게 되도록 하는 일이 착수되었을 때, 불·물·공기·흙이 처음에는 이것들 자체의 흔적들을 갖고 있었으나, …… 바로 이런 성질의 것이었던 것들을 신이 최초로 도형들과 수들로써 형태를 만들어내기 시작하였습니다. 신은 이것들을 그렇지 못한 상태에 있던 것들에서 가능한 한 가장 아름답고 가장 훌륭하게 구성해냈다는 것, 이걸 무엇보다도 우리에게 있어서 언제나 되뇔 말이기도 하죠."(플라톤, 『티마이오스』, 서광사, 2009, 149쪽)

고대 그리스의 철학자인 플라톤이 우주의 탄생해 대해 말하

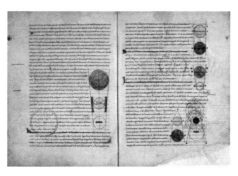

중세에 발간된 『티마이오스』 일부
그림을 보면 나름 과학적인 면이 있어 보인다. 그러나 수나 수식은 보이지 않는다.

고 있다. 플라톤의 저서 『티마이오스』의 한 대목이다. 4원소설을 주장하고 있다. 불·물·공기·흙이 있었단다. 신께서 이 재료들을 가지고 지상의 세계를 창조하셨다. 가장 아름답고 가장 훌륭하게. 그럴 수 있었던 것은 도형과 수를 활용해 형태를 만들었기 때문이란다.

지금의 빅뱅설에 해당한다. 이 우주가 어떻게 창조되었는가를 밝히는 과학이다. 당대 최고의 학자인 플라톤은 최대한 과학적으로 그 과정을 기술하고 있다. 과학이라지만, 지금의 과학과는 너무도 다른 모습이다. 말만 있을 뿐 수나 수식이 전혀 없다. 수나 수식 같은 과학이 아니었다.

고대의 과학은 철학과 비슷했다(근대까지도 과학은 자연철학이었다). 삼라만상을 철학적으로, 즉 합리적인 이성의 정신으로 풀어냈다. 그럼직한 말과 스토리로 우주를 설명한다. 과학 따로 수학 따로 그런 식이었다. 구체적인 대상이나 현상에 대한 수나 수식은 보이지 않는다. 구체적 크기는 안중에도 없었다.

현상4

항성들이 고정되어 있다고 하고, 다섯 개의 행성들의 주기, 그리고 지구가 해 둘레를 도는 주기는, 해로부터 그 행성들까지 평균거리의 3/2승에 비례한다(아이작 뉴턴, 『프린키피아』 3권, 교우사, 2009년, 9쪽 참조).

행성	주기(일)	지구로부터의 평균 거리
토성	10759.275	954006
목성	4332.514	520096
화성	585.9785	152369
지구	365.2565	100000
금성	224.6176	72333
수성	87.9692	38710

과학자의 대명사인 아이작 뉴턴이, 지구를 포함한 행성의 운동법칙을 주장하는 대목이다(편의상 표를 살짝 수정해 실었다). 케플러의 3법칙 중의 하나로 유명하다. 행성의 주기를 제곱한 것과 행성 궤도의 평균거리를 세제곱한 것이 비례한다고 말한다. T(주

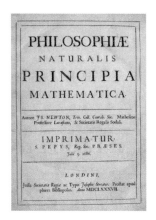

뉴턴의 『프린키피아』
근대 과학의 완성시킨 책이다.
수와 수식이 과학과 어떻게 결합해야 하는가를
제대로 보여줬다. 이후 그런 결합은
자연스러운 일이 되었다.

기)$^2 \propto$ R(거리)^{3}으로 간단히 표현한다. 『프린키피아』 3권의 일부분이다.

뉴턴은 행성의 주기와 평균거리에 일정한 법칙이 있다고 주장한다. $T^2 \propto R^3$이라는 구체적 수식으로 표현한다. 그에 대한 증거도 제시한다. 각 행성의 주기와 평균거리에 대한 수치가 표에 담겨 있다. 주기는 소수점 이하까지 정밀하게 표현되었다.

뉴턴의 표현은 우리에게 익숙하다. 과학적인 주장의 전형을 보여준다. 모든 주장에는 수치로 표현된 증거가 있어야 한다. 그 수치 정보를 근거로 해서 법칙이 제시된다. 그 법칙도 수나 수식으로 간단명료하게 제시된다.

숫자는 거짓말을 하지 않는다.

여자는 거짓말을 하고 남자는 거짓말을 하지만

숫자는 거짓말을 하지 않는다.

Numbers don't lie.

Women lie, men lie, but numbers don't lie.

—

격투기 선수 맥스 할로웨이(Max Holloway 1991~)

수량화
혁명

　뉴턴을 플라톤과 비교해보라. 과학을 하는 방식이 엄청나게 달라져 있다. 가장 눈에 띄는 변화는 구체적 대상과 크기에 대한 관점의 변화다. 플라톤은 구체적 대상으로부터 수치적 정보를 얻어내려 하지 않았다. 그러나 뉴턴은 달랐다. 수치적 정보를 얻고자 했고, 그 정보로부터 법칙을 이끌어내고자 했다. 구체적 대상의 구체적 수치를 필요로 했다.

　이런 변화의 선구자는 갈릴레이였다. 측정을 통해 현상에 대한 수치적 정보를 얻어냈다. 그 수치 정보로부터 얻어낸 법칙을 수나 수식으로 표현했다. 진자의 폭과 주기에 대한 규칙을 발견한 것이 큰 계기였다. 그는 성당의 좌석에 앉아 흔들리는 진자의 주기를 측정해봤다. 자신의 맥박을 기준으로 해보니, 주기는 항상 일정했다. 과학에서의 수량화 혁명은 그렇게 시작되었다.

　갈릴레이는 낙하운동의 법칙도 규명해냈다. 그는 경사면에 구슬을 굴려 시간에 따라 얼마나 이동했는가를 측정했다. 시간이 흐를수록 이동거리는 많이 늘어났다. 수치를 통해 확인해보니 낙하운동에서의 이동거리는 시간의 제곱에 비례했다.

근대과학은 수치적인 정보를 필요로 했다. 직접 측정해보고, 측정된 결과로부터 법칙을 이끌어내고자 했다. 직접 실험을 해서 확인해야 했다. 그 결과 각종 측정 도구가 등장하며 수량화 혁명이 일어났다. 온도, 속도, 시간, 음악 등 다양한 대상에 대한 수치 정보가 등장했다. 그 정보를 근거로 한 수학적 법칙이 제시되었다.

모든 수리과학은

물리 법칙과 수의 법칙 사이의 관계에 기초한다.

All the mathematical sciences are founded on the relations

between physical laws and laws of numbers.

—

물리학자 제임스 맥스웰(James Maxwell, 1831~1879)

>

근대과학은 철학의 한 종류였던 과학이 수학과 만나서 형성되었다. 둘의 화학적 결합이 만들어낸 게 근대과학이었다. 이럴 수 있었던 데에는 수의 발전이 뒷받침되어 있었다. 수들이 충분히 깔려 있었기에 활용할 수 있었던 거였다.

지금 우리가 사용하고 있는 소수는 16세기 말에 등장했다. 회계 업무를 맡고 있던 시몬 스테빈(Simon Stevin, 1548~1620)이 불편함을 해결하기 위해 고안했다. 서로 다른 분수 때문에 발생하는 계산의 어려움을 해소하기 위한 방편이었다.

무리수를 위한 기호인 제곱근 기호도 근대를 전후로 등장했다. $\sqrt{\ }$ 기호는 1525년에 처음 사용되었다고 한다. 이 기호를 개량해서 사용하며 일반화시킨 이는 철학자 데카르트였다. 그는 1637년경에 기호를 처음 사용했다. 그는 수를 대신하는 문자인 대수의 사용에서도 역사적이었다. 상수를 위해서는 a, b, c를 사용하고 변수를 위해서는 x, y, z를 사용하자고 제안한 것도 그였다고 한다.

음수나 0 역시 근대에 이르러서야 수로 인정받았다. 음수를 점으로 표현해준 수직선이 등장한 것도 17세기 말이었다. 양수만을 고집하던 수의 개념은 음수나 0까지 확장되고 있었다. 이런 수의 발전이 배경이 되어 과학의 수학화가 가능할 수 있었다.

숫자를 고문하라.

그러면 숫자가 어떤 것이든 고백하리라.

Torture numbers, and they'll confess to anything.

—

작가 그레그 이스터브룩(Gregg Easterbrook, 1953~)

인과관계를 통해
현상의 법칙을 추론해낸다

　　과학을 표현하면서 과학은 비약적으로 발전한다. 단지 읽고 쓰기 편해진 것만이 아니다. 이전과는 다른 방식으로 법칙과 규칙을 추론해낼 수 있었다.

　　뉴턴은 절대시간과 절대공간이라는 개념을 제시했다. 시간과 공간은 물체와 별도로 존재한다는 것이다. 시간과 공간은 무대였다. 물체는 그 무대 위에서 공연하는 사람이었다. 사람과 상관없이 무대는 존재한다. 그렇기에 물체의 운동을 시간과 공간을 기준으로 나타낼 수 있다.

　　모든 물체는 변치 않는 공간을 배경으로 해서 움직인다. 그 움직임은 시간을 기준으로 해서 측정된다. 시간에 따라 움직임을 포착하면 원인과 결과가 분명해진다. 원인에 따라 결과가 어떻게 나타나는지 그 인과관계를 규명할 수 있게 되었다.

　　인과관계는 근대과학이 추구하는 법칙의 핵심이 되었다. 각종 수를 통해 물체나 물체의 움직임을 나타낸다. 그 수치를 통해 현상의 인과관계를 추론해낸다. 그 인과관계를 방정식 같은 수식으로 표현해낸다. 이 또한 수가 있기에 가능한 일이었다.

뉴턴역학 이후 전자기학이 등장했고, 상대성이론이 등장했다. 20세기 초반에는 뉴턴역학 관점과는 전혀 다른 양자역학이 또한 등장했다.

뉴턴역학과 양자역학의 관점은 근본적으로 다르다. 뉴턴역학은 결정론적이다. 물체의 운동과 관련된 조건을 모두 제시해준다면 이후의 움직임을 완벽하게 예측할 수 있다. 하지만 양자역학은 확률적으로만 예측할 수 있을 뿐이다.

연속성과 불연속성은 뉴턴역학과 양자역학의 또 다른 차이다. 뉴턴역학에서 시간이나 공간, 에너지는 연속이다. 무한히 작게 쪼갤 수 있다. 하지만 양자역학에서는 최소한의 단위가 존재한다. 시간에도 공간에도 에너지에도. 더 이상 쪼갤 수 없는 크기가 존재한다.

뉴턴역학과 양자역학의 차이는 자연수와 분수의 차이와 같다. 자연수에는 가장 작은 수 1이 있다. 나머지 수는 1의 반복이다. 이는 양자역학의 관점과 같다. 이에 비해 뉴턴 역학은 분수와 같다. 최소한의 크기가 없다. 단위를 조절하면 무한히 쪼개갈 수 있다.

17

**컴퓨터의
언어가 되다**

인공지능의 등장은 많은 것들을 바꾸고 있다. 말도 못하고 생각도 못하던 스피커나 자동차가 생각하며 말을 한다. 그걸 바라보는 사람들은 할 말을 잃고 있다. 인공지능 하나의 등장이지만, 사람-기계-자연의 생태계를 바꾸고 있다. 수는 어떨까? 인공지능으로 인해 수의 세계는 어떤 변화가 일어나고 있을까?

>

아마존고는 인공지능이 활용되고 있는 무인매장으로 유명하다. 2016년에 도입되어 확대되고 있다.

이용 방식은 간단하다. 전용앱을 스캐닝하고 들어간다. 쇼핑을 하면서 사고 싶은 물건을 장바구니에 담는다. 쇼핑이 끝나면 체크아웃 레인을 통해 나가면 된다. 구매 비용은 자동으로 계산되어 아마존계정에서 자동으로 결제된다.

한국에서도 비슷한 방식의 매장들이 오픈되어 운영 중에 있

아마존고 무인매장 그로서리 모습.

다. 이처럼 수를 계산하는 복잡한 과정 자체가 일상에서 사라지고 있다.

무인매장에서 사람이 할 역할은 쇼핑과 결제다. 물건 가격을 확인하고 집계하는 역할을 할 필요가 없다. 물건의 가격을 확인할 때 말고는 수를 마주할 일이 없다. 늘 골칫거리였던 연산이 사라졌다. 이런 경향은 다른 분야에서도 마찬가지다. 인공지능이 사람을 대신해 수를 읽고 연산한다.

인공지능의 등장으로 일상에서 수와 연산은 사라져가고 있다. 인공지능이 대신한다. 사람은 수와 연산의 불편함으로부터 해방되고 있다. 수를 읽어가면서 판단하고 선택하는 정도만 하면 되는 세상이다.

>

일상과는 달리 한편에서는 모든 게 수로 전환 중에 있다. 정반대 현상이 일상의 밑바닥에서 착착 진행 중이다. 각종 데이터가 모두 수로 바뀌고 있다. 그로 말미암아 인공지능이 똑똑해질 수 있었다.

인공지능 번역기의 성능 또한 날이 갈수록 개선 중이다. '조금만 기다리면 외국어를 굳이 배울 필요가 없는 때가 오겠네'라는 생각이 들 정도다. 번역기의 원리를 통해 수가 어떤 역할과 활약을 하고 있는지 가늠해보지.

영어를 한국어로 번역한다고 해보자. 본문 244쪽 상단의 그림처럼 좌측 위의 영어 문장을 대입하면, 우측처럼 한국어로 번역된 문장이 튀어나온다. 이것은 겉모습일 뿐이다. 한국어나 영어는 사람의 언어로, 컴퓨터는 알아들을 수 없다. 번역기가 이런 일을 하려면 컴퓨터가 알아들을 수 있는 기계어로 입력되어야 한다. 그 기계어는 0과 1의 수다.

인공지능 번역기는 입력된 문장을 기계어로 표현한다. 문장은 a_1, a_2, ……, a_n처럼 분할되어 입력된다. a_1, a_2, ……, a_n의 성

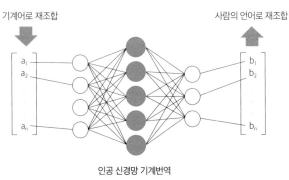

Neural machine translation (NMT) is the approach to machine translation in sich a large neural in trained to maximize translation performance.

신경 기계 번역(NMT)은 번역 성능을 극대화하기 위해 대규모 신경 네트워크를 교육하는 기계 번역 방법입니다.

기계어로 재조합

사람의 언어로 재조합

인공 신경망 기계번역

분을 갖는 하나의 벡터가 된다. 이 벡터를 입력받은 인공지능 번역기는 인공신경망을 거치면서 번역 작업을 진행한다. 작업이 다 끝나면 다른 벡터를 내놓는다. 그 벡터는 b_1, b_2, ……, b_n의 성분을 갖는다. 이때의 벡터는 기계어로 표현되어 있다. 이 기계어를 한국말로 표현하면 번역이 완료된다.

숫자는 생명을 가지고 있다.

그것들은 종이에 있는 단순한 상징이 아니다.

Numbers have life; they're not just symbols on paper.

—

수학자 사쿤탈라 데비(Shakuntala Devi, 1929~2013)

컴퓨터의
언어가 필요하다

인공지능은 컴퓨터가 해내는 일이다. 컴퓨터가 작동하려면 사람의 언어가 아닌 컴퓨터의 언어가 필요하다. 그 언어가 바로 수다. 인공지능이 확대된다는 것은 컴퓨터가 확대된 것이기에 수가 그만큼 널리 사용된다는 것이다.

이제 모든 데이터는 수로 표현되어야만 한다. 디지털 데이터가 되어야만 한다. 디지털 데이터의 양은 급속도로 늘어나고 있다. 2025년이면 연간 175제타바이트의 양이 생산되고, 약 200년 후 디지털 데이터의 양은 지구 전체보다 더 많은 공간을 차지할 것이라는 예측도 있다.

디지털 세계의 데이터나 지식, 정보는 모두 수로 표현된다. 이때의 수는 크기라기보다는 각각의 대상을 구분해주는 식별 기호다. 수가 다르면 점의 위치가 다르듯, 다른 정보는 다른 수로 표현된다. 이렇게 해서 수는 컴퓨터의 언어가 되었다. 컴퓨터와 말하고, 컴퓨터에게 무언가 일을 부탁하려면 수의 언어를 사용해야 한다.

>

컴퓨터와 수는 처음부터 하나였던 게 아니었다. 수는 수대로 컴퓨터는 컴퓨터대로 발전해가고 있었다. 수는 인류 문명의 초기부터 활용되고 있었다. 컴퓨터는 20세기에 들어서 본격적으로 등장했다. 이 둘을 연결시킨 이는 정보 이론의 아버지라 불리는 클로드 섀넌(Claude Shannon, 1916~2001)이었다.

클로드 섀넌은 전기공학과 수학을 공부했다. 그는 수학의 불대수(Boolean Algebra)가 아날로그 컴퓨터의 논리 회로를 분석하는 데 유용하다는 것을 깨달았다. 컴퓨터의 작동 과정을 0과 1의

정보 이론의 아버지 클로드 섀넌
1937년 논문 「계전기와 스위치로 이루어진
회로의 기호학적 분(A Symbolic Analysis of Relay
and Switching Circuits)」를 통해
디지털 컴퓨터의 이론적 기반을 제시했다.

이진법을 통해 모두 표현할 수 있다는 논문을 1937년에 발표했다. 전기적 신호인 on-off는 0과 1로, 논리 회로의 작동 과정은 불의 논리 대수로 표현될 수 있다고 했다.

불 대수는 19세기 영국의 수학자인 조지 불이 창안한 대수다. 연산은 논리합(OR), 논리곱(AND), 부정(NOT)으로 이뤄져 있다. 클로드 섀넌은 이 불대수가 컴퓨터의 작동 과정을 표현할 수 있는 언어라는 걸 알아냈다. 0과 1, AND, OR, NOT을 통해 컴퓨터는 수와 연산으로 완벽하게 표현되었다. 수와 수의 연산이 컴퓨터의 언어가 되어버렸다.

모든 문화는 문학에 기여한 것처럼 수학에도 기여해왔다.

수학은 보편적 언어이다. 숫자는 모든 사람의 것이다.

Every culture has contributed to maths just as it has contributed to literature.

It's a universal language; numbers belong to everyone.

—

작가 대니얼 태멋(Daniel Tammet, 1979~)

18

**수─연산의 조합이
인공지능을
가능하게 한다**

수는 컴퓨터의 말이자 언어가 되었다. 수를 매개로
해서 사람과 컴퓨터는 소통할 수 있다. 컴퓨터와
컴퓨터 간의 소통도 가능해 사물인터넷 시대를
열어가고 있다. 이런 폭발력은 수만의 힘으로
된 게 아니었다. 수 하면 늘 따라다니는 연산이
인공지능에서도 큰 역할을 했다. 수가 형성해놓
은 체계적 연산이 인공지능의 성능을 가능하게
했다.

>

컴퓨터와 수의 만남은 연산 덕분이었다. 0과 1이라는 수만으로는 부족했다. 전기적 움직임인 on-off를 표현할 수 있다고 해서, 컴퓨터의 모든 작동 과정을 표현할 수 있는 것은 아니다. 복잡하고 길게 이어지는 각종 과정 자체를 표현할 수 있어야 했다. 그걸 가능하게 한 것이 연산이었다.

연산을 통해 컴퓨터의 작동 과정은 언어로 표현된다. 고로 0과 1의 연산만으로 컴퓨터의 작동 과정을 예측할 수 있다. 직접 만들어서 작동해보지 않고도 어떤 일을 해낼 수 있을지를 미리 알 수 있다. 어떻게 논리 회로를 설정하면 되는지 적극적으로 설계할 수 있는 것이다.

컴퓨터의 작동 과정을 묘사하는 수와 연산은, 수와 연산의 전통적인 의미와 다르다. 수는 크기가 아니다. 수는 그저 현상을 구분해주는 식별 기호에 불과하다. 연산은 그 현상들의 변화 과정을 기호로 표현해준다.

인공지능,
연산 능력이 뒷받침되다

연산은 인공지능이 똑똑해지는 데 결정적인 역할을 했다. 사람과 비교했을 때 컴퓨터의 최대 장점은 빠르고 강력한 연산 능력이다. 인공지능은 이 연산 능력을 최대한으로 활용한다. 빠르게 대량의 데이터를 처리해서 사람이 풀 수 없는 문제를 풀어낸다.

인공지능 번역기의 중간 과정에서는 막강한 연산 능력이 개입한다. 이 알고리즘의 기본 개념은 함수다. 입력된 하나의 값에 대해서 하나의 다른 값을 대응시킨다. 입력된 벡터에 대응하는 다른 벡터를 내놓는다. 그 과정이 인공신경망에서 진행된다. 숫자로 된 값들을 주고받고 연산하며 출력할 값을 만들어간다. 행렬이나 벡터의 연산, 수의 연산, 함수, 미분 등이 시행된다.

수와 연산은 수학에서 늘 짝이었다. 인공지능에서도 그렇다. 수와 연산이 있었기에 인공지능이 가능할 수 있다. 수가 있기에 많은 데이터들이 디지털 데이터로 전환되고 있다. 연산이 있기에 디지털 데이터로부터 의미 있는 정보를 얻어내고 있다. 수와 연산의 상호협력을 통해 디지털 세계가 열려가고 있다.

컴퓨팅의 목적은 숫자가 아니라 통찰력입니다.

The purpose of computing is insight, not numbers.

—

수학자 리처드 해밍(Richard Hamming, 1915~1998)

수 덕분에 똑똑해지는
인공지능

모든 데이터가 수로 되어 있기에 컴퓨터는 연산을 자유롭게 할 수 있다. 연산 속도까지 빠르기에 컴퓨터는 가급적 연산을 통해 문제를 해결해간다. 연산보다는 통찰력을 바탕으로 문제를 해결하는 사람과는 다르다.

인공지능은 컴퓨터의 강점인 연산 능력을 적극 활용한다. 인공지능을 똑똑하게 한다는 머신러닝은 모두 연산 능력을 토대로 이뤄진다. 시행착오를 거치며 문제 해결의 지름길을 찾아간다.

강화학습으로 알려진 방법도 그렇다. 문제 해결의 실마리를 제공하지 않는다. 목적만 알려주고 목적을 달성할 수 있는 방법을 스스로 찾도록 한다. 잘할수록 보상을 주고, 못하면 벌칙을 준다. 보상을 극대화할 수 있는 해결책을 찾도록 한다. 인공지능은 연산을 통해 해결책에 접근해간다.

연산 가능한 수를 토대로 하고 있기에 인공지능의 성능은 빠르게 개선되고 있다. 다른 언어였다면 곤란했을 것이다. 성능이나 결과를 측정할 수 있으며, 개선책을 비교할 수 있다. 그래서 하루가 다르게 좋아지고 있다.

2021년 5월 바둑 인공지능 프로그램인 알파고를 만들었던 회사 딥마인드는 놀라운 논문을 발표했다. 강화학습 같은 방법만으로도 사람과 같은 수준의 범용인공지능을 곧 만들어낼 수 있을 것이라고 했다. 사람을 똑똑하게 했던 수가 이제는 인공지능을 똑똑하게 해주고 있다. 너무 똑똑해질 것을 염려해야 할 정도다.

우리는 모든 것을 스크린 터치로 이용할 수 있는

디지털 세계에 살고 있다. 돈은 시간이 지남에 따라

만질 수 있는 지폐에서 사이버공간의 숫자로 간소해지고

미묘하게 바뀌었다. 현금은 더 이상 천가방에 들어 있지 않다.

돈은 화면에 나타나는 숫자이다. 조작되고 수정될 수 있는

숫자이다. 숫자가 떨어지면 그냥 더 살 수 있는 거죠?

We live in a digital world where all is available at the touch of a screen.

Money has been simplified, changed subtly over time

from tangible bills to numbers in cyberspace.

Cash is no longer in a cloth bag; it's numbers on a screen.

Numbers that can be manipulated and modified.

If you run out of numbers, you can just buy some more, right?

—

배우 리스 다비(Rhys Darby, 1974~)

워쇼스키 감독의 1999년작 영화 〈매트릭스〉의 한 장면

0과 1이 비처럼 쏟아져내린다.

컴퓨터가 0과 1이라는 수의 연산을 바탕으로 한다는 것을

감각적으로 보여준다.

그처럼 생생하고 짜릿한 스토리와 장면의 밑바닥에

0과 1의 기나긴 연산만이 있을 뿐이다.

허상일까, 환상일까?

19

인과관계를
넘어
상관관계까지

수와 연산은 인공지능을 가능하게 한 두 축이다. 수로 표현된 데이터와 그 데이터를 가공하는 연산의 조합이 인공지능이다. 인공지능은 이전과는 다른 방식을 추가적으로 활용해 문제를 해결해간다. 그렇게 이전의 한계를 넘어서간다. 이전에는 원인과 결과의 관계를 통해 문제를 풀어갔다. 인공지능은 이것 외에 새로운 관계를 파악함으로써 문제를 해결해가고 있다.

인공지능 이전의 주된 문제 해결 방식은 인과관계를 파악하는 것이었다. 과학은 그런 방식을 가장 잘 보여준다.

뉴턴의 대표적인 만유인력의 법칙을 보자. 두 물체 사이에서 작용하는 힘의 크기를 설명한다. 이 힘을 결정하는 요인은 두 물체의 질량과 물체 사이의 거리다. 이 두 요소가 만유인력의 크기를 결정한다. 두 요소는 원인이고, 그로 인한 결과가 만유인력이다.

$E = mc^2$으로 알려진 아인슈타인의 법칙도 보자. 아인슈타인은 질량의 변화로 말미암아 에너지가 발생한다고 했다. 그 크기가 얼마나 되는가를 정확하게 수식으로 표현했다. 질량 m은 원인이고, 그로 인해 발생되는 에너지 E는 결과다.

과학은 이제껏 사물이나 현상의 인과관계에 주목해왔다. 무엇이 원인인지, 얼마나 영향을 주는가를 알아내야 했다. 법칙 또는 규칙이란, 파악된 인과관계였다. 그 관계를 집약적으로 표현해놓은 것이 방정식이었다. 수가 있어 가능했다. 수를 인과관계 파악의 지렛대로 활용했다.

현대사회는 네트워크 사회다. 모든 것이 서로 연결되고 있다. 컴퓨터는 그런 연결의 매개 역할을 해내고 있다. 네트워크가 심화되면서 문제는 복잡해져가고 있다. 2019년 말부터 전 세계를 휩쓸고 있는 코로나19도 네트워크화된 사회 구조의 영향을 많이 받았다.

네트워크가 복잡해지면서 원인과 결과의 관계가 복잡해졌다. 인과관계를 과거처럼 명쾌하게 규명하기가 힘들어졌다. 영향을 미치는 요인이 많아지기도 했고, 되먹임(피드백)에 의해 그 결과를 예측하기가 어려워졌다. 나비효과나 카오스 이론 같은 말은 그런 어려움을 잘 표현한다.

인과관계의 복잡함은 인공지능의 역사에서도 변수가 되었다. 인공지능의 초기에 사람은 컴퓨터에게 문제 해결 방법을 일일이 알려주는 방식을 시도했다. 이런 경우는 이렇게 하고, 저런 경우는 저렇게 하라는 방식이었다. 인과관계에 입각한 방식이었다. 그런데 이 방식은 곧 한계를 맞이했다. 해결해야 할 문제가 너무 복잡하고 다양해 일일이 알려줄 수 없었다.

나의 큰 논지는 세상이 지저분하고 혼란스러워 보이지만,

그것을 숫자와 모양의 세계로 해석하면,

패턴이 나타나고 왜 사물이 그런 것인지

이해하기 시작한다는 것이다.

My big thesis is that although the world looks messy and chaotic,

if you translate it into the world of numbers and shapes,

patterns emerge and you start to understand

why things are the way they are.

—

수학자 마커드 드 사토이(Marcus du Sautoy, 1965~)

상관관계를
보기 시작했다

인과관계라는 패러다임은 사람에게나 인공지능에게나 역부족이었다. 다른 방식의 접근이 있어야 했다. 이때 등장한 게 상관관계를 파악하는 방식이었다.

이미지 인식은 인공지능의 기능이 뚜렷하게 개선되었다는 걸 보여주는 상징이다. 이런 개선이 가능했던 것은 방식의 전환이었다. 개와 고양이를 식별하는 기준이나 요소, 규칙을 잘 제공해준 게 아니었다.

개와 고양이의 이미지 자료를 대량으로 제공한 뒤 스스로 학습하도록 했다. 인공지능은 각 픽셀의 정보를 수로 바꾸고, 연산을 통해 픽셀과 픽셀 간의 관계를 따진다. 색깔, 모양, 형태, 부분과 부분의 관계 등 인간의 머리로는 상상하기 어려운 요소들을 살핀다. 그래서 개와 고양이라고 판별하는 데 기준이 될 만한 요소를 찾아낸다.

개와 고양이를 식별할 수 있었던 것은 상관관계였다. 개라고 분류되는 이미지들의 특징, 고양이로 분류되는 이미지들의 특징을 포착해 개인지 고양이인지 구분한다. 인과관계를 통한 해결

개와 고양이의 데이터들 ●

방식이 아니다.

　　머신러닝이나 딥러닝 같은 인공지능의 방법은 상관관계를 활용한다. 사실상 사람도 대부분 이런 방식으로 개와 고양이를 구분한다. 식별 기준을 누가 알려준 게 아니다. 많이 보면서 자기 나름대로 개와 고양이의 특징을 파악해 구분한다. 사람은 명확하게 말하지 못할 그 특징을 인공지능은 수를 통해 명확하게 포착할 뿐이다. 수는 이제 상관관계 파악의 지렛대 역할까지 하고 있다.

●　출처: https://towardsdatascience.com/label-smoothing-making-model-robust-to-incorrect-labels-2fae037ffbd0

나는 단지 싸우고 싶다.

모든 사람과 싸워 이겨버린 최고로 기억되고 싶다.

그러면 돈, 숫자, 기록 같은 것들은 모두 나를 뒤쫓아온다.

I just want to fight and be remembered as the best,

who fought everyone and beat them.

Then the money, the numbers, the records, they all chase me.

—

격투기 선수 이스라엘 아데산야(Israel Adesanya, 1989~)

주사위를 많이 던져보라. 그러면 각 눈의 통계적인 확률을 얻게 된다. 데이터가 많을수록 그 주사위의 편향성이 드러난다. 왜 그런지는 모르더라도 데이터가 그리 말해준다. 관상을 본다거나, 사주팔자를 따져본다거나, 손금을 본다거나 하는 게 모두 같은 방식이다. 대량의 데이터를 근거로 한 상관관계를 살핀다. 그럼으로써 인간이 파악하지 못하던 관계를 파악하고, 풀지 못하던 문제를 풀어낸다. 또 한 번 인간은 인간의 한계를 극복했다.

수를 통해 인간은 한계를 한 단계 한 단계 극복해왔다. 개수를 세면서 대상의 크기를 확인하고 비교해냈다. 연산을 통해 크기의 변화를 수 하나로 포착해냈다. 그 수를 사회적인 문제에 적용해 사회적인 해결책을 마련해왔다. 대상의 크기 관계를 각종 현상에 적용해 현상의 인과관계를 포착해냈다. 이제는 인과관계만으로는 해결하기 문제를 상관관계라는 더 포괄적인 방법으로 해결해가고 있다.

수와 문명은 강한 상관관계를 갖고 있다. 문명의 정도가 강할수록 사용하는 수는 더 커지고, 수를 활용하는 범위는 더 넓어진다. 거의 그렇다. 지금은 수를 언어로 사용하는 컴퓨터가 문명의 곳곳으로 스며들고 있다. 수 활용의 주체가 인간과 컴퓨터로 확장되었다. 지금까지와는 또 다른 문명이 잉태되고 있다. 그 문명이 어떤 모습으로 다가올지, 그 문명의 한계를 우리는 수를 통해 또 어떻게 극복해갈지 궁금하다.

나의 첫 번째 조언은:

프로그래밍하는 법을 배워야 한다는 것이다.

My number one piece of advice is:

you should learn how to program.

—

기업가 마크 주커버그(Mark Zuckerberg, 1984~)

조금 색다른 언어인 수!

짧게나마 수가 무엇인지, 우리에게 수는 무엇일 수 있는지를 살펴봤습니다. 수의 매력과 마력은 수를 써먹어본 사람이 진하게 느낄 수 있습니다. 그러나 수를 활용해 무언가 새로운 걸 해낼 수 있는 사람들은 제한적입니다. 전문적인 수학자나 과학자, 기술자 정도에 불과합니다. 그런 분들은 보통 사람들과는 달리 수를 잘 다룹니다. 그 능력을 통해 수로 가려져 있는 규칙이나 패턴, 새로운 관계를 엿보고 만들어냅니다.

수를 다룰 때 큰 장애물은 아마도 연산일 것입니다. 수 자체를 이해하고 사용하는 것은 그럭저럭 할 만 합니다. 하지만 수들의 긴 연산 앞에서 낙담하며 무릎 꿇는 경우가 많습니다. 연산이라는 장애물 앞에서 전문가와 비전문가는 갈리게 됩니다.

수의 연산과 관련해 희망적인 현상이 나타나고 있습니다. 과거에는 전문가만이 할 수 있었던 복잡하고 어려운 연산을 대신해 줄 수 있는 컴퓨터 프로그램들이 많이 생겨났습니다. 입력만 하면 순식간에 계산해줍니다. 방정식도 금방 풀어주고, 수식의 그래프도 깔끔하게 그려줍니다. 연산과 문제풀이라는 부담을 가뿐

하게 덜어내줍니다.

연산의 부담이 사라지면서 수학의 문은 더 넓어져갑니다. 연산이나 문제풀이를 잘 못하더라도 프로그램만 잘 활용한다면, 수를 활용해 유용한 정보를 얻어낼 수 있는 세상입니다. 과거 같았으면 수학에 입문조차 하기 힘들었던 인문학도들조차 수를 활용할 수 있는 기회를 누리고 있습니다.

수에 대한 느낌, 수에 대한 생각, 수에 대한 감각이 중요한 것 같습니다. 느낌이 좋으면 그 사람과 자꾸 만나고 싶어지잖아요. 수를 다루는 게 조금 서툴더라도, 수에 대해 좋은 느낌만이라도 갖고 있다면 수와의 인연은 깊어져갈 겁니다.

살아가면서 우리는 문제와 한계에 부딪칩니다. 그 한계를 넘고자 부단히 애를 쓰죠. 그 한계는 결국 그 무엇과의 만남, 즉 새로운 관계를 통해 극복됩니다. 천사나 능력자가 갑자기 나타나 도와주지 않는 이상, 우리는 새로운 관계를 형성해내야 합니다. 관계 파악을 전문으로 하는 수가 아주 유용한 이유입니다. 우리도 관계를 파악하고 형성해가는 데 능통해져야겠습니다. 수를 활용해서라도요!

수를 무궁무진한 가능성을 가진 언어로 느꼈으면 좋겠습니다. 새로운 언어를 접할 때의 설렘과 기대감을 수에 대해서도 갖는 겁니다. 필요하면 언제든 접해볼 수 있는 언어로 생각해두는 거죠. 수 역시 자신의 한계를 극복하기 위한 그 무엇이 되어줄 수 있음을 긍정할 수 있으면 좋겠습니다.

"We all have
special numbers
in our lives."

청소년을 위한 즐거운 공부 시리즈

청소년을 위한 사진 공부
사진을 잘 찍는 법부터 이해하고 감상하는 법까지
홍상표 지음 | 128×188mm | 268쪽 | 13,000원

20여 년을 사진작가로 활동해온 저자가 사진의 탄생, 역사와 의미부터 사진 촬영의 단순 기교를 넘어 사진으로 무엇을, 어떻게 소통할지를 흥미롭고 재미있게 들려주는 책이다.

책따세 겨울방학 추천도서

청소년을 위한 시 쓰기 공부
시를 잘 읽고 쓰는 방법
박일환 지음 | 128×188mm | 232쪽 | 12,000원

시라는 게 무엇이고, 사람들이 왜 시를 쓰고 읽는지, 시와 일상은 서로 어떻게 연결되고 있는지, 실제로 시를 쓸 때 도움이 되는 이론과 방법까지 쉽고 재미있게 풀어내는 책이다.

행복한아침독서 '함께 읽어요' 추천도서

청소년을 위한 철학 공부
열두 가지 키워드로 펼치는 생각의 가지
박정원 지음 | 128×188mm | 252쪽 | 13,000원

시간과 나, 거짓말, 가족, 규칙, 학교, 원더랜드, 추리놀이, 소유와 주인의식, 기억과 망각 등 우리 삶과 떼려야 뗄 수 없는 주제들로 독자들이 흥미롭고 재미있게 철학에 접근할 수 있도록 펴낸 길잡이 책이다.

지노출판은 다양성을 지향하며 삶과 지식을 이어주는 책을 만듭니다.
jinobooks.com

청소년을 위한 보컬트레이닝 수업
제대로 된 발성부터 나만의 목소리로 노래 부르기까지

차태휘 지음 | 128×188mm | 248쪽 | 13,000원

건강하게 목소리를 사용하고 노래를 잘 부르기 위해 알아야 할 몸의 구조부터 호흡과 발성법, 연습곡의 선별 기준 등등 기본기를 확실히 익힐 수 있는 보컬트레이닝의 세계로 안내하는 책이다.

학교도서관저널 추천도서

1인 방송 시작하는 법
유튜브, 트위치, 아프리카, 청소년을 위한
나만의 인터넷 방송 만들기

김기한 지음 | 128×188mm | 224쪽 | 12,000원

나만의 1인 방송을 어떻게 잘 만들 수 있을까? 자기 탐색, 프로그램 구상, 촬영 장비 세팅, 미니 스튜디오 만들기, 동영상 편집하기, 구독자 늘리는 법까지 알짜 노하우를 익힐 수 있는 책이다.

책씨앗 최고의 책 · 세종도서 교양부분 선정

팬픽으로 배우는 웹소설 쓰는 법
청소년을 위한 소설 글쓰기의 기본

차윤미 지음 | 128×188mm | 232쪽 | 12,000원

아이돌 팬픽을 소재로 누구나 쉽고 재미있게 소설 글쓰기에 다가갈 수 있도록 구성된 책으로, 내가 왜 글을 쓰는지, 내가 왜 세상의 반응을 궁금해하는지 등을 곰곰이 생각해볼 수 있다.